中等职业教育教学改革创新规划教材
数控技术应用专业教学用书

用 电 常 识

主　编　窦湘屏
副主编　迟　亮
参　编　袁　蔚　王锡林　李世运
苏　涛　吕建国　郑　燕
张　英　郭红玲　雷双华
主　审　邓三鹏

机 械 工 业 出 版 社

本书是中等职业教育教学改革创新规划教材，依照“任务引领，以工作过程为导向”的职业教育教学理念，参考了有关的国家职业标准和行业职业技能鉴定规范，结合山东省数控技术应用专业教学指导方案，总结多年教学经验编写而成。

本书采用模块化的教学单元结构，参照维修电工岗位的职业能力要求，采用来源于职业岗位的典型工作任务为教学课题，以实践活动为主要学习方式，突出教、学、做合一的职业教育教学特色。全书共分为9个单元，主要内容包括电从哪里来、安全用电常识、电工工具和电工材料常识、单相照明电路的安装、电工仪表与测量技术常识、照明电路安装与测试、电动门控制、普通机床控制电路、设备常见电气故障的处理。

本书可作为中等职业学校数控技术应用专业及机电类相关专业的教学用书，也可作为普通高中通用技术教材和各种机械类短训班及相关人员的岗位培训和自学用书。

图书在版编目（CIP）数据

用电常识/窦湘屏主编. —北京：机械工业出版社，2018.3
中等职业教育教学改革创新规划教材　数控技术应用专业教学用书
ISBN 978-7-111-59122-1

Ⅰ.①用…　Ⅱ.①窦…　Ⅲ.①用电管理-中等专业学校-教材
Ⅳ.①TM92

中国版本图书馆CIP数据核字（2018）第023150号

机械工业出版社（北京市百万庄大街22号　邮政编码100037）
策划编辑：汪光灿　责任编辑：黎　艳　责任校对：王　延
封面设计：陈　沛　责任印制：张　博
三河市宏达印刷有限公司印刷
2018年4月第1版第1次印刷
184mm×260mm · 9.5印张 · 228千字
0001—1900册
标准书号：ISBN 978-7-111-59122-1
定价：29.00元

凡购本书，如有缺页、倒页、脱页，由本社发行部调换

电话服务
服务咨询热线：010-88379833
读者购书热线：010-88379649

网络服务
机 工 官 网：www.cmpbook.com
机 工 官 博：weibo.com/cmp1952
教育服务网：www.cmpedu.com
金 书 网：www.golden-book.com

前言

根据《国家中长期教育改革和发展规划纲要（2010—2020年）》的精神，推进职业教育课程改革和教材建设，也为了满足由于技术进步、数控机床的保有率增加，趋于精益生产的现代加工制造企业劳动组织方式对熟练掌握数控机床操作、装调、维修等多种技能的复合型人才的迫切需求，山东省教育厅组织编写了数控技术应用专业的系列教学改革教材。本书既是数控加工方向专业学生必修课程的教材之一，也是山东省数控技术应用专业教学指导方案的规划配套教材。

本书的主要特色如下：

1. 以职业教育理实一体化课程改革模式作为课程设置与内容选择参照点。

2. 按职业能力要求，以典型工作任务为教学课题，以实践活动为主要学习方式。

3. 课程设计采用实践提示、实践准备、知识学习、检查与评价的教学模式，实现人文引领下的知识与技能、过程与方法、情感态度价值观的有机统一。强调学生获取知识与技能的过程，也是学生掌握学习方法、形成态度与价值观的过程。

4. 用实践计划表作为技能操作之前，强调对知识学习的检测和实践准备情况的认定，强化知识内化的过程，符合思维认知习惯。

5. 以大量来源于生产现场的图片作为文字内容的补充，更能吸引和提高学生的学习兴趣。

6. 完成每个课题的实践活动后都有学习任务评价表来总结、巩固知识，检验学习成效。

7. 实践计划表做成单页形式，便于学生完成作业。

本书主要围绕培养中职数控技术应用专业学生熟悉安全用电与电气事故应急处理的基本常识，掌握一般电路图的识读技术，能正确选用电工测量仪器仪表，具备检测、分析常用机床电气电路的初步能力等实际技能编写，既可作为中等职业学校数控技术应用专业及相关专业的教学用书，也可作为普通高中通用技术教材和各种机械类短训班及相关人员的岗位培训和自学用书。

本书充分考虑中职学生特点，采用国家最新颁布的电工电子相关技术标准，全书以教学单元形式展现，单元下设课题，每一个课题就是实际的工作任务。工作任务就是具体的学习目标，做任务的过程就是学生自主管理式学习的过程，做就是学，学就是做，通过学习发现、探讨和解决出现的问题，体验并反思学习的过程，最终获得完成相关职业活动所需的知识和能力。

全书共分为9个单元，建议学时为36学时，学时分配与教学建议见下表：

序号	单元名称	活动设计与场景建议	参考学时
1	电从哪里来	参观本校变压器、配电室，了解电的传输，认识常用变配电设备	2
2	安全用电常识	1. 认识常用安全标识 2. 模拟对触电者进行急救处理训练 3. 模拟对电气火灾的处理，培养安全用电的基本技能	4
3	电工工具和电工材料常识	1. 识别各种常用电工工具并说出其使用方法 2. 识别各种常用电工材料、电子元器件并说出其适用范围	2
4	单相照明电路的安装	1. 熟悉相关实验台，说出实验台面板的组成部分和各种电路元器件名称 2. 分析简单直流电路的工作过程 3. 开展用双联开关在两地控制一盏灯的安装练习	4
5	电工仪表与测量技术常识	1. 识别各种常用电工仪表并说出其使用方法 2. 实际测量各主要电量	2
6	照明电路安装与测试	1. 熟悉相关实验台，说出实验台面板的组成部分和各种电路元器件名称 2. 分析简单交流电路的工作过程 3. 掌握白炽灯照明电路安装与测试技能	6
7	电动门控制	1. 观察交流异步电动机的结构和铭牌 2. 解释常用低压电器元件的原理 3. 解读三相交流异步电动机的控制电路 4. 连接异步电动机的接触器联锁正反转控制电路	4
8	普通机床控制电路	1. 分析典型机床电气控制电路的工作过程 2. 排除普通机床常见电气故障	6
9	设备常见电气故障的处理	1. 模拟一般电气故障的处理 2. 排除电扇通电后无风送出的故障 3. 排除数控车床中人为设置的故障，训练分析能力和动手能力	6

本书由日照市工业学校窦湘屏任主编，日照市工业学校迟亮任副主编，甘肃酒泉工贸中等专业学校袁蔚、日照市工业学校窦湘屏编写单元一；章丘一职专王锡林、日照市工业学校窦湘屏编写单元二；日照市工业学校李世运编写单元三；日照市工业学校苏涛编写单元四；日照市工业学校张英、郭红玲编写单元五；日照市工业学校迟亮编写单元六；日照市工业学校郑燕、迟亮编写单元七；山东省阳信县职业中专吕建国、日照市工业学校窦湘屏编写单元八；日照市机电工程学校雷双华、日照市工业学校窦湘屏编写单元九；窦湘屏负责全书的统稿。本书由天津职业技术师范大学邓三鹏教授担任主审。

由于编者水平有限，书中不足之处在所难免，恳请广大读者批评指正。

编　者

目录

单元一 电从哪里来

学习目标

通过本单元的学习，了解电是怎样产生的，以便于理解生活中几种主要的发电方式及其各自的发电原理。观察实际生活中电能的输送方式并知道这样做的原理，认识常见的输配电设备并知道其功能。

课题　电能的基本知识

课堂任务

1. 了解电的产生，常见发电方式及其原理。
2. 了解电能的传输及变送方式。
3. 认识常见的输配电设备。

实践提示

1. 观察室外的架空线路、电力变压器等输配电设备。
2. 参观学校配电室、电工实训室里的低压输配电元器件。

知识学习

一、电的产生原理

电是怎么生产出来的？回答这个问题的时候我们不得不提到法拉第，这位伟大的科学家（图 1-1），正是他制造了世界上第一台电磁感应发电机，成为人类电气时代的开拓者。

图 1-1　法拉第

在实验室里，法拉第发现了电磁感应现象，即当闭合电路的一部分在磁场中做切割磁感线运动，导体中就会产生电流的现象。为了使磁电为人类所用，他制造了世界上第一台电磁感应发电机，如图 1-2 所示。在磁场中转动的不是线圈，而是一个纯铜做的圆盘。圆心处固定一个摇柄，圆盘的边缘和圆心处各与一个黄铜电刷紧贴，用导线把电刷与电流表连接起来，纯铜圆盘放置在蹄形磁铁的磁场中。当转动摇柄，使纯铜圆盘旋转起来时，电流表的指针偏向一边，这说明电路中产生了持续的电流。当然，这一部发电机是很简单的，却是日后复杂发电机的始祖，是它首先向人类揭开了机械能转化为电能的序幕。后来，人们在此基础上，将蹄形永久磁铁改为能产生强大磁场的电磁铁，用多股导线绕制的线框代替纯铜圆盘，对电刷也进行了改进，就制成了功率较大的实际应用中的发电机。两百多年过去了，尽管现在发电机的种类繁多，如同步发电机、异步发电机等，容量从几微瓦到上亿瓦，发电方式各不相同，有火力发电、水力发电、风能发电、核能发电等，但是它们的原理也是根据法拉第圆盘发电机的基本原理——电磁感应制成的。

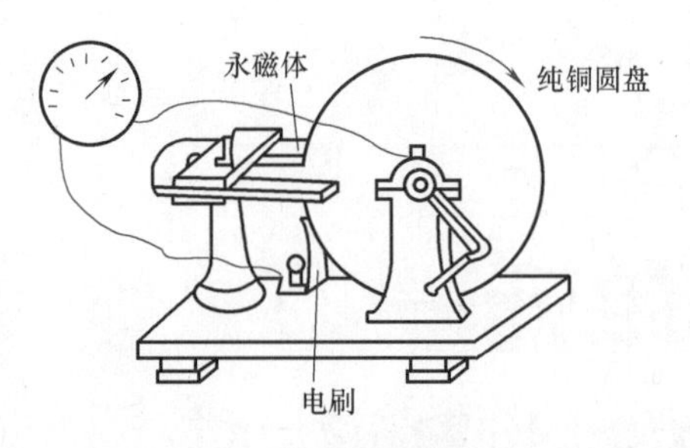

图 1-2 法拉第圆盘电机

二、常见的发电方式

发电厂（Power Plant），又称发电站，是将自然界蕴藏的各种一次能源转换为电能（二次能源）的工厂。按其所利用一次能源的不同，分为火力发电厂、水力发电厂、核能发电厂、风力发电厂以及光伏发电厂等类型。

1. 火力发电厂

火力发电厂，简称火电厂，如图 1-3 所示，它利用煤、石油、天然气作为燃料产生的化学能来生产电能。它的基本生产过程是：燃料在锅炉中燃烧加热水生成高温高压的蒸汽，将燃料的化学能转变成热能，蒸汽压力推动汽轮机旋转，热能转换成机械能，然后汽轮机带动发电机旋转，最终将机械能转变成电能。

图 1-3 火力发电厂

我国火电厂以燃煤发电为主，为了提高效率、节约能源，有的采用发电与供热联合方式，即在汽轮机某一级抽出一部分气体来供工业用或取暖供热，其余的仍用于驱动发电机发电，这种电厂称为热电厂。

2. 水力发电厂

水力发电厂，简称水电厂或水电站，河流、湖泊等位于高处具有势能的水流至低处，利用水力推动水轮机转动，将其中所含势能转换成水轮机的机械能，并在水轮机上接发电机，借水轮机为原动力，随着水轮机转动便可推动发电机发电，这时机械能又转变为电能。

最常见的一类水电厂是堤坝式水电厂，它是在河流中落差较大的地段拦河建坝，形成水库，从而抬高上游水位，进而发电，如图 1-4 所示。另外一种水电站为引水式水电

图 1-4 水力发电厂

站，在山区水流湍急的河道上或者河床坡度较陡河段的上游筑一低坝，由引水渠将上游水流引至河段末端的水电站进行发电。上述两种水电站的综合称为混合式水电站。

3. 风力发电厂

如图 1-5 所示，风力发电是利用风力带动风车叶片旋转，再透过增速机将旋转的速度提升，来促使发电机发电。因为风力发电没有燃料问题，也不会产生辐射或空气污染，是一种特别环保的发电方式。风力发电正在世界上形成一股热潮，我国也在大力发展风力发电，在新疆、内蒙古、辽宁、吉林、甘肃、福建、广东、上海等省市都建有风力发电厂，其中新疆是目前我国风力发电最大的省份。

图 1-5 风力发电厂

4. 核能发电厂

核能发电是利用核反应堆中核燃料的裂变链式反应所产生的热能，再按火力发电厂的发电方式，将热能转变成机械能，再转换成电能，它的核反应堆相当于火电厂的燃煤锅炉，以少量的核燃料代替大量的煤炭。由于核能是巨大的能源，我国也很重视核电站的建设，陆续建成了浙江秦山核电站、广东大亚湾核电站、江苏田湾核电站、福建福清核电站等。

5. 光伏发电厂

如图 1-6 所示，光伏发电是利用半导体界面的光生伏特效应将光能直接转变为电能的一种技术。太阳能电池是核心元件，也是光伏发电系统价值最高的部分，其作用是将太阳的辐射能力转换为电能。

图 1-6 光伏发电厂

单一电池发电量十分有限，实际应用中太阳能电池是单一电池经串并联组成的电池组件。发出的电经过控制器，控制器控制整个系统的工作状态，使系统始终处于发电的最大功率点，也对蓄电池进行过充、过放电保护。流出控制器的直流电进入蓄电池储存，或经逆变器将直流电逆变为交流电输出。

三、电能的输送

为了能够合理地利用能源和保护环境，发电厂要建在靠近这些能源的地方（一般远离城市），而有的用电中心离发电站很远，因此需要把电能输送到远方，这就涉及电能的输送问题。对输送电能有以下基本要求：

（1）可靠　这指保证供电线路可靠工作，少有故障和停电。

（2）保质　是保证电能的质量，即电压和频率稳定。

（3）经济　这是指输电线路建造、运行的费用低，损耗小。

在进行远距离输电时，由于输电线路长，电阻大，当电流通过输电线时，必然会损失一部分电能，为了经济运行，要尽可能减小损耗，下面介绍如何减小损耗。

已知损耗功率 $P_{损}=I^2R$，那么要降低损耗有两种方法：第一是降低输电线路电阻；第二是降低输电线中的电流。

由电阻定律可知，导线电阻 $R=\rho\frac{L}{S}$，若要减小电阻，可以减小材料电阻率，银的电阻率最小，但价格昂贵，目前选用电阻率较小的铜或铝作为输电线。输电线路的长度 L 是不能减小的，否则不能保证输电距离；可适当增大导线横截面积，但太粗也不可能，既不经济又架设困难。所以采用减小导线电阻的方法降低损耗并不合理。

那么第二种方法呢？已知发电机的输出功率 $P_{输出}=UI$ 是一定的，要减小输电线路电流，就必须要提高输电线路的电压。而减小输电线路的电压损耗，也要减小输电线路电流，这就是为什么远距离的输电线路都是高压输电线路。输电电压是不是越高越好呢？电压越高，对输电设备的绝缘要求就越高，建设费用也越高。在输电过程中，输电电压的高低根据输电容量和输电距离而定，一般原则是：容量越大，距离越远，输电电压就越高。远距离输电电压等级有3kV、6kV、10kV、35kV、63kV、110kV、220kV、330kV、500kV、750kV 10个等级。

电能的输送都要经过哪些环节？如图1-7所示，发电厂发出来的电先要经过升压变压器升压后，再经断路器、隔离开关等控制设备接入输电线路，输电线路进行远距离输送后在接近用户中心的降压变电站进行降压，降压后的电经过开关柜配电后供给工厂或一般用户使用。

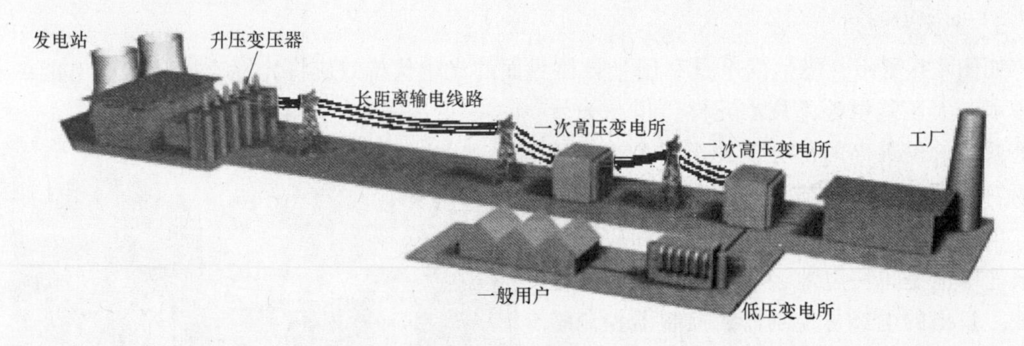

图1-7 高压输电环节

输电线路按结构形式分为架空输电线路（图1-8）和地下电缆输电线路（图1-9）。架空

图1-8 架空输电线路

图1-9 地下电缆输电线路

输电线路由线路杆塔、导线、绝缘子等构成，架设在地面之上。地下线路主要是使用电缆，敷设在地下（或水域下）。

四、常见输配电设备

这里介绍几种常见的高压输配电设备，低压输配电设备在后续章节会有详细讲解，这里不做介绍。

1. 熔断器

如图 1-10 所示，熔断器（Fuse，文字符号 FU）是一种当电流超过规定值并经一定时间后，以本身产生的热量使熔体熔断而断开电路的电器。熔断器广泛应用于高低压配电系统和控制系统以及用电设备中，作为短路和过电流的保护器，是应用最普遍的保护器件之一。

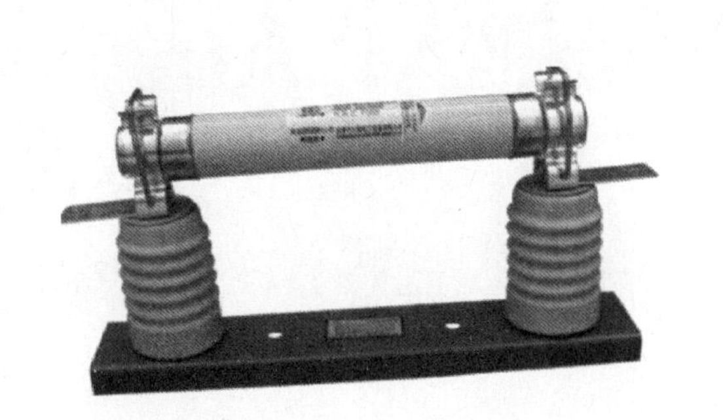

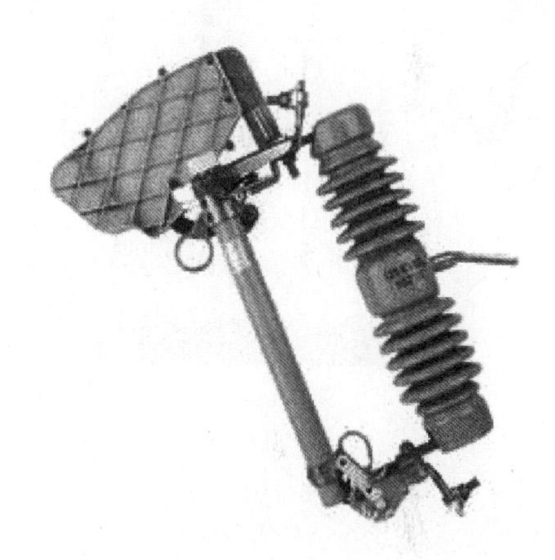

图 1-10　高压熔断器

2. 高压隔离开关

高压隔离开关（High-Voltage Disconnector，文字符号 QS，俗称“刀闸”）如图 1-11 所示，额定电压在 1kV 及以上，触头间有符合规定要求的绝缘距离，断开后有明显的断开间隙。高压隔离开关主要是隔离高压电源，以保证其他设备和线路的安全检修，充分保障人身和设备的安全。高压隔离开关设有专门的灭弧装置，因此它不允许带负荷操作。按照安装的地点，高压隔离开关分为户内式和户外式两大类。

图 1-11　高压隔离开关

3. 电力变压器

如图 1-12 所示，电力变压器（Power Transformer，文字符号 T 或 TM）是发电厂和变电所的主要设备之一。其主要功能是将电力系统的电压升高或降低，以利于电能合理的输送、分配和使用。额定容量是它的主要参数，用于表征变压器传输电能的大小，以kV · A或 MV · A 表示。电力变压器按用途分为升压变压器、降压变压器；按相数分为单相变压器、三相变压器；按绕组分为双绕组、三绕组、自耦变压器；按绕组绝缘及冷却方式分为油浸式、干式、充气式变压器。

4. 高压断路器

如图 1-13 所示，高压断路器（High-Voltage Circuit-Breaker，文字符号 QF）不仅可以切断或闭合高压电路中的空载电流和负荷电流，而且当系统发生故障时通过继电器保护装置的作用，切断过载电流和短路电流。它具有相当完善的灭弧结构和足够的断流能力，按其采用的灭弧介质可分为油断路器、六氟化硫断路器（SF_6 断路器）、真空断路器、压缩空气断路器等。

图 1-12 电力变压器

图 1-13 高压断路器

任务准备及实施

根据自己学校的实验设备情况，查阅有关资料，思索实践内容，填写本次实践计划表（见附录 A）。

一、应知内容

1. 电能产生的原理是什么？
2. 常见的发电方式有哪些？它们有哪些优点和缺点？
3. 电能是怎样进行输送的？
4. 常见的高压输配电设备有哪些？

二、实践内容

1. 观察室外的架空线路、电力变压器等输配电设备。
2. 参观学校配电室、电工实训室里的低压输配电元器件。
3. 上网搜集信息，查找常用高压输配电设备，了解它们的型号及其含义。

检查与评价

课堂学习完成后，根据实践计划到实习场所完成教学实践，填写本次学习任务评价表

（见附录B）。

一、发电机的分类方式

1. 按转换的电能方式分类

按转换的电能方式可分为交流发电机和直流发电机两大类。交流发电机分为同步发电机和异步发电机两种。同步发电机分为隐极式同步发电机和凸极式同步发电机两种。现代发电站中常用的是同步发电机，异步发电机很少用。

交流发电机又可分为单相发电机和三相发电机两种。发电厂的发电机输出电压，大多数情况是10kV，低压三相发电机输出电压为380V，单相发电机输出电压为220V。

2. 按励磁方式分类

按励磁方式可分为有刷励磁发电机和无刷励磁发电机两类。有刷励磁发电机的励磁方式为他励式，无刷励磁发电机的励磁方式为自励式。他励式发电机的整流装置是在发电机定子上，而自励式发电机的整流装置是在发电机组的转子上。

3. 按驱动动力分类

按动力源分类，发电机常可分为以下几类：

（1）风力发电机　风力发电机是依靠风力带动发电机转动，产生电流，这种发电机无须消耗额外能源，是一种无污染的发电机。

（2）水力发电机　水力发电机是利用水流的落差，产生动力，带动发电机发电，也是利用绿色自然资源发电的设备。

（3）汽轮发电机　汽轮发电机是利用汽轮机驱动，由锅炉产生的过热蒸汽进入汽轮机内膨胀做功，使叶片转动而带动发电机发电。

（4）燃油发电机　燃油发电机是依靠柴油或汽油燃烧产生动力带动发电机组的。目前在一些服务行业或小型加工企业中，使用小型燃油发电机可以起到应急的作用。遇到停电就可启动燃油发电机发电，以维持正常工作。

二、配电箱

配电箱是按电气接线要求将开关设备、测量仪表、保护电器和辅助设备组装在封闭或半封闭金属柜中或屏幅上，构成低压配电装置。正常运行时可借助手动或自动开关接通或分断电路；存在故障或不正常运行时借助保护电器切断电路或报警；借助测量仪表可显示运行中的各种参数，还可对某些电气参数进行调整，对偏离正常工作状态进行提示或发出信号。

配电箱可以合理地分配电能，方便对电路的开合操作；有较高的安全防护等级，能直观显示电路的导通状态；便于管理，当发生电路故障时利于检修。配电箱和配电柜、配电盘、配电屏等是集中安装开关、仪表等设备的成套装置，图1-14所示是低压配电箱。

图 1-14 低压配电箱

总结提高

通过对本单元内容的学习，我们应当知道电能产生的原理，了解常见的发电方式及其发电原理，了解发输变电的方式，能认识几种常见的高压电气设备。有了这些知识的铺垫，同学们可以在学习生活中多观察用到的发输变电设备及电气元器件，认识这些设备元器件的用途及特点，以便更好地学习用电常识。

单元二

安全用电常识

学习目标

通过本单元的学习，能帮助学生牢固树立安全用电意识，掌握安全用电知识及安全操作规范，了解电气事故的危害及一般防护措施，能对触电者进行急救处理，会处理一般的电气火灾事故。

课题一 颜色与安全

课堂任务

学会识别电气应用中的颜色表示及电气安全标志，增强安全意识。

实践提示

1. 观察车间的安全标识，学习识别电气安全标志。
2. 观察某机床面板（图 2-1）的急停按钮和电源指示灯的颜色。

图 2-1 机床面板

实践准备

什么是安全色？什么是对比色？安全色和对比色如何配合应用？电气安全标志表示什么意义？实训车间里有哪些安全标志？请认真思考上述问题，查阅有关资料，完成本次实践计划表。

注：实践计划表（见附录A），建议在每个课题实践前填写。

知识学习

以案说防：某日，某公司电工班班长带领电工甲执行某数控车间电路整改任务，二人到现场后，电工甲将车间供电配电箱总开关（600A 断路器）拉下，并用验电笔验电，经确认断电后开始作业。电工甲在整改过程中发现一根电线破皮，导线外露，于是准备用绝缘胶布包扎该处时，左手食指与外露导体接触造成触电。电工班长急速跑到配电箱处（距现场约100m），发现电路刀开关已经合上，急忙将开关断开。电工甲经现场医务人员抢救无效死亡。

图 2-2 安全标志

事故原因分析：

1）车间数控操作工因急于进行生产，在既没有通知电工班维修电工，也没有观察有无人员施工的情况下，一次性将车间供电开关合上，引起电线突然带电。

2）维修电工拉闸后，没有按规定挂上“禁止合闸，有人工作”的警示牌（图 2-2 所示安全标志）。

一、安全色与对比色

1. 安全色（Safety Colour）

安全色是传递安全信息含义的颜色，包括红、蓝、黄、绿 4 种颜色。

（1）红色　传递禁止、停止、危险或提示消防设备、设施的信息。

（2）蓝色　传递必须遵守规定的指令性信息。

（3）黄色　传递注意、警告的信息。

（4）绿色　传递安全的提示性信息。

2. 对比色（Contrast Colour）

对比色是使安全色更加醒目的反衬色，包括黑、白两种颜色。

（1）黑色　用于安全标志的文字、图形符号和警告标志的几何边框。

（2）白色　用于安全标志中红、蓝、绿的背景色，也可用于安全标识的文字和图形符号。

3. 安全色与对比色的相间条纹

相间条纹为等宽条纹，倾斜约 45°。

（1）红色与白色相间条纹　表示禁止或提示消防设备、设施位置的安全标记。

（2）黄色与黑色相间条纹　表示危险位置的安全标记。

（3）蓝色与白色相间条纹　表示指令的安全标记，传递必须遵守规定的信息。

（4）绿色与白色相间条纹 表示安全环境的安全标记。

4.《GB 2893—2008 安全色》摘录

A1.1——红色：各种禁止标志；交通禁令标志；消防设备标志；机械的停止按钮、刹车及停止装置的操作手柄；机械设备转动部件的裸露部分；仪表刻度盘上极限位置的刻度；各种危险信号旗等。

A1.4——各种提示标志；机器启动按钮；安全信号旗；急救站、疏散通道、避险处、应急避难场所等。

A2.2——黄色与黑色相间条纹：应用于各种机械在工作或移动时容易碰撞的部位，如移动式起重机的外伸腿、起重臂端部、起重吊钩和配重；剪板机的压紧装置；压力机的滑块等有暂时或永久性危险的场所或设备；固定警告标志标志杆上的色带等。

A4——检查与维修：凡涂有安全色的部位，每半年应检查一次，应保持整洁、明亮，如有变色、褪色等不符合安全色范围，逆反射系数低于70%或安全色的使用环境改变时，应及时重涂或更换，以保证安全色正确、醒目，达到安全警示的目的。

二、电气安全标志

《国家标准 GB/T 29481—2013》指出，电气安全与人们的生产和生活密切相关。安全标志是通过颜色与几何形状的组合表达通用的安全信息，并且通过附加图形符号表达特定安全信息的标志。电气安全标志的作用是引起人们对不安全因素的注意，预防电气事故的发生，在营造安全的生产生活环境方面发挥积极作用。虽然电气安全标志在任何传递安全信息的系统中必不可少，但它们不能取代使用正确的工作方法、指令以及事故预防措施和培训等。

（1）电气安全标志（表2-1） 包括禁止标志、指令标志、警告标志、提示标志。禁止标志是禁止人民不安全行为的图形标志；指令标志是强制人们必须做出某些动作或采取防范措施的图形标志；警告标志是提醒人们对周围环境引起注意以避免可能发生危险的图形标志；提示标志是向人们提供某些信息（如标明安全设施或场所等）的图形标志。

表2-1 电气安全标志

分类	几何形状	安全色	对比色	图形符号色	电气安全标志图例	
禁止标志	带有斜杠的圆形	红色	白色	黑色	禁止启动	禁止合闸
指令标志	圆形	蓝色	白色	白色	必须接地	必须戴安全帽

（续）

分类	几何形状	安全色	对比色	图形符号色	电气安全标志图例	
警告标志	等边三角形	黄色	黑色	黑色	当心触电	当心火灾
提示标志	正方形或长方形	绿色	白色	白色	应急电话	可动火区

（2）文字辅助标志　文字辅助标志的基本形式是矩形边框。文字辅助标志有横写和竖写两种形式。

横写时，文字辅助标志写在标志的下方(图 2-3)，可以和标志连在一起，也可以分开。禁止标志、指令标志为白色字；警告标志为黑色字。禁止标志、指令标志衬底色为标志的颜色，警告标志衬底色为白色。

图 2-3　横写时的文字辅助标志

竖写时，文字辅助标志写在标志杆的上部，如图 2-4 所示。禁止标志、警告标志、指令标志、提示标志均为白色衬底、黑色字。标志杆下部色带的颜色应和标志的颜色相一致。

图 2-4　竖写在标志杆上部的文字辅助标志

三、电线中的颜色

三相五线制标准导线的颜色是：L1 相黄色，L2 相绿色，L3 相红色，N 线蓝色，PE 线黄绿双色。表 2-2 是 GB/T 13534—2009 部分颜色标志的代码。

表 2-2 GB/T 13534—2009 部分颜色标志的代码

颜色	黄色	绿色	红色	蓝色	黑色	棕色	白色	黄/绿双色
代码	YE	GN	RE	BU	BK	BN	WH	GNYE

说明：

1）大写字母和小写字母具有相同的意义，但优先采用大写字母。

2）在同一部件上使用的颜色组合，将不同颜色的字母代码相连表示。例如，黄/绿双色部件的颜色代码为：GNYE。

3）对于不同部件上的不同颜色，各颜色标志的字母代码之间用“加号”（+）隔开。例如，两根黑色、一根棕色、一根蓝线和一根黄/绿双色的五芯电缆的颜色代码为：BK+BK+BN+BU+GNYE。

检查与评价

请在课堂学习完成后，选择合适场所实践，并根据实践情况填写本次学习任务评价表（见附录 C）。

相关知识

《中华人民共和国安全生产法》是为了加强安全生产工作，防止和减少生产安全事故，保障人民群众生命和财产安全，促进经济社会持续健康发展，从而制定本法。由中华人民共和国第九届全国人民代表大会常务委员会第二十八次会议于 2002 年 6 月 29 日通过公布，自 2002 年 11 月 1 日起施行。2014 年 8 月 31 日第十二届全国人民代表大会常务委员会第十次会议通过全国人民代表大会常务委员会关于修改《中华人民共和国安全生产法》的决定，自 2014 年 12 月 1 日起施行。

第三条：安全生产工作应当以人为本，坚持安全发展，坚持安全第一、预防为主、综合治理的方针，强化和落实生产经营单位的主体责任，建立生产经营单位负责、职工参与、政府监管、行业自律和社会监督的机制。

第五十一条：从业人员有权对本单位安全生产工作中存在的问题提出批评、检举、控告；有权拒绝违章指挥和强令冒险作业。

第五十二条：从业人员发现直接危及人身安全的紧急情况时，有权停止作业或者在采取可能的应急措施后撤离作业场所。

总结提高

1. 熟识各种安全色和安全标志，遵守安全生产规程。
2. 树立安全意识，让安全生产意识贯彻于实习中。

课题二　漏电与触电

课堂任务

1. 学习数控机床的安全接地与漏触电保护。
2. 学习用电中的触电防护知识。
3. 掌握漏触电防护设备的应用。

实践提示

1. 观察数控机床等设备的接地情况。
2. 观察实训车间的漏触电保护装置。

实践准备

什么是漏电？什么是触电？如何做好漏触电防护，防止漏触电事故的发生？请认真思考上述问题，查阅有关资料，完成本次实践计划表。

注：实践计划表（见附录A），建议在每个课题实践前填写。

知识学习

以案说防：某数控车间第X号配线箱，其下有车间内5台数控车床。给第2号数控车床送电时，配电箱总保护器即跳闸。如果不给2号车床送电，则其他四台数控车床可以正常工作。

原因分析及处置：维修班检查结果，在第2号数控车床内查找到被磨破皮的电源线。按下启动按钮后由于电动机开机振动，带电线芯时而触碰到外壳，造成接地漏电，致配电箱总保护器跳闸。确认故障点后，维修人员对破皮露芯的电源线进行处理，然后机床开机，送电成功。

一、三相五线制供电方式

三相五线制（图2-5）包括三相电的三根相线（L1相、L2相、L3相）、中性线（N线）以及地线（PE线）。中性线（N线）就是零线。

三相负载对称时，三相线路流入中性线的电流矢量和为零，但对于单独的一相，电流不为0。三相负载不对称时，中性线的电流矢量和不为0，会产生对地电压。

我国低压供电系统标准是：供电线路线电压（即相线之间的电压）为380V，相电压

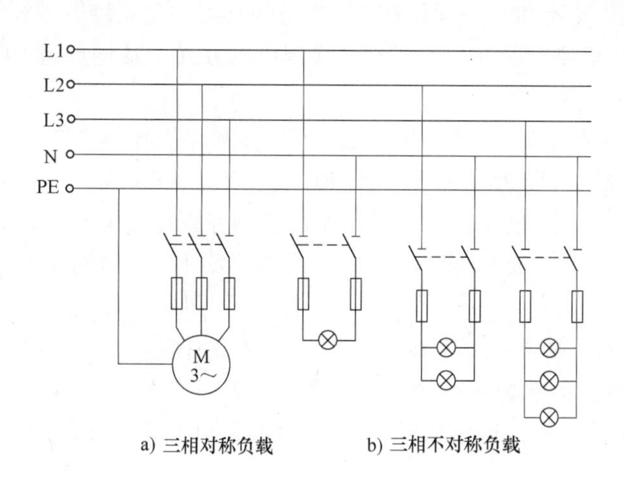

图 2-5 三相五线制供电方式

（即相线和地线或中性线之间的电压）为 220V；频率为 50Hz。

二、系统接地型式

GB 14050—2008《系统接地的型式及安全技术要求》规定了系统接地的型式及安全技术要求，其目的是保障人和设备的安全。系统接地是系统电源侧某一点（通常是中性点）的接地。保护接地是为了安全目的在设备、装置或系统上设置的一点或多点接地。表 2-3 是系统接地型式。

表 2-3 系统接地型式

第一个字母表示 电源端与地的关系	第二个字母表示 电气装置的外露可导电部分与地的关系	型式
T 代表电源端有一点直接接地	N 表示电气装置的外露可导电部分与 电源端接地点有直接电气连接	TN
	T 表示电气装置的外露可导电部分直接接地， 此接地点在电气上独立于电源端的接地点	TT
I 代表电源端所有带电部分 不接地或有一点通过阻抗接地）		IT

1. TN 系统

按照中性导体和保护导体的组合情况，TN 系统分为 TN-S 系统、TN-C 系统、TN-C-S 系统。短横线（-）后的字母用来表示中性导体与保护导体的组合情况：S 表示中性导体和保护导体是分开的，C 表示中性导体和保护导体是合一的。

（1）TN-S 系统（图 2-6） 整个系统的中性导体和保护导体是分开的。

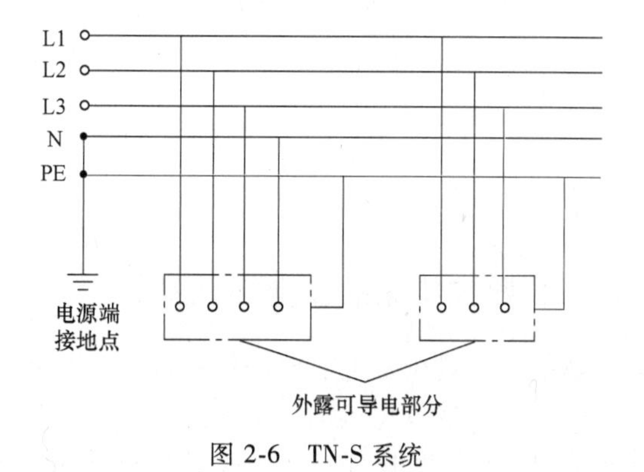

图 2-6 TN-S 系统

TN-S 式供电系统，字母 S 表示 N 与

PE 分开，是把工作零线 N 和专用保护线 PE 严格分开的供电系统，外露可导电部分与 PE 相连，设备中性点与 N 相连，即常用的三相五线制供电方式。其优点是 PE 中没有电流，故设备金属外壳对地电位为零。

（2）TN-C 系统（图 2-7） 整个系统的中性导体和保护导体是合一的。

TN-C 式供电系统，字母 C 表示 N 线与 PE 线合并成 PEN 线，是用工作零线兼作接零保护线，即常用的三相四线制供电方式。设备中性点和外露可导电部分都和 N 线相连。由于 N 线正常时流通三相不平衡电流和谐波电流，故设备金属外壳正常对地有一定电压，通常用于一般供电场所。

（3）TN-C-S 系统（图 2-8） 系统中一部分线路的中性导体和保护导体是合一的。

TN-C-S 式供电系统，系统近电源端的 N 线与 PE 线合并成 PEN 线，然后 N 线和 PE 线分开，分开后再也不能合并，这是四线/五线混合制供电方式，常应用于环境较差的场所。

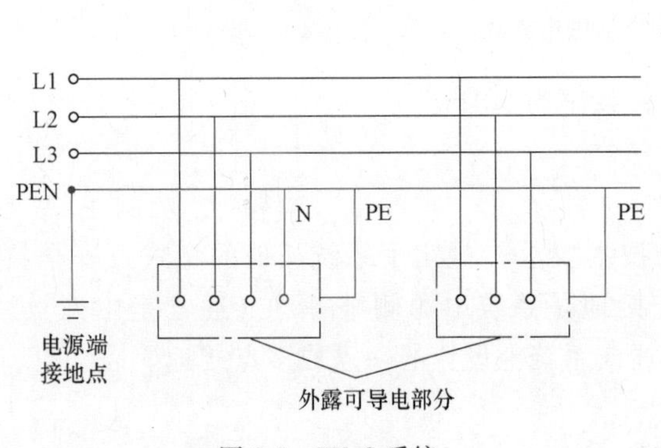

图 2-7 TN-C 系统

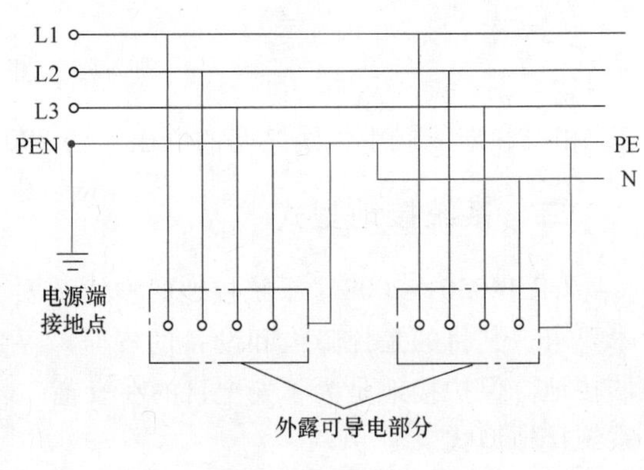

图 2-8 TN-C-S 系统

2. TT 系统（图 2-9）

3. IT 系统（图 2-10）

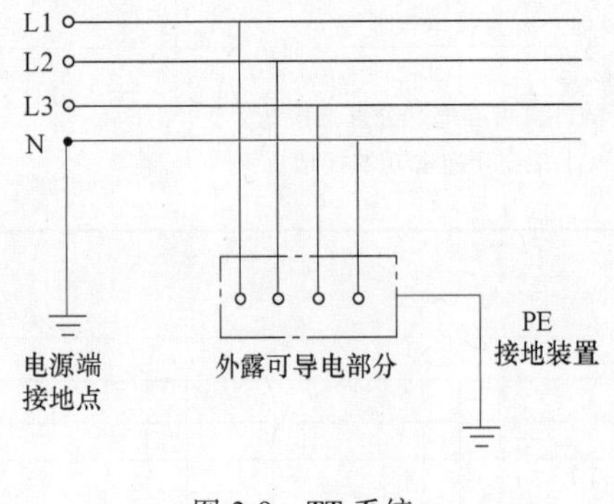

图 2-9 TT 系统

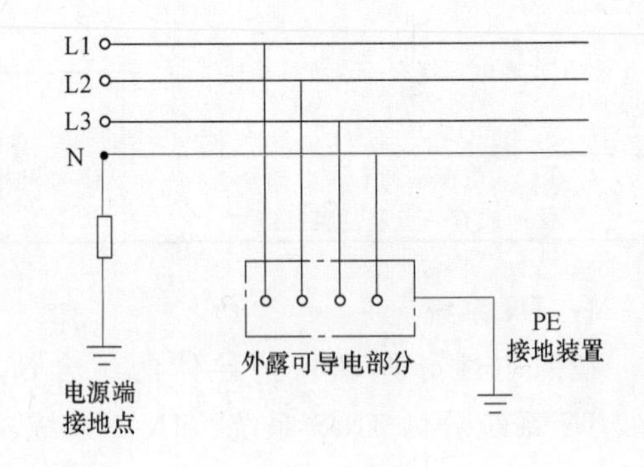

图 2-10 IT 系统

三、数控机床的安全接地模式

数控机床是机、电、液一体化的精密设备，为了减少电气干扰，保护数控机床和操作人员的安全，保证数控机床的正常运行，需要进行正确良好的接地。接地错误或者混乱会造成系统干扰，增大机床噪声，影响数控机床正常工作，甚至出现安全事故。按照接地的作用不同，数控机床的接地分为安全接地、工作接地和屏蔽接地三种模式。本文只讨论数控机床的安全接地模式。

为了保护机电设备和人身安全，避免出现静电、漏电、雷击等危害现象，需要将机电设备的机壳、底座所接地线与大地连接，即安全接地，又称为保护接地。作为典型的机电设备，机床数控系统电源采用 TT 或 TN-S 接地型式，不允许采用 TN-C 接地型式。

安全接地要点：

1）电气设备都应设计专门的保护导线接线端子（保护接地端子）并且采用符号标记，也可用黄绿双色标记。不允许用螺钉在外壳、底盘等位置代替保护接地端子。

2）保护接地端子与电气设备的机壳、底盘等应实现良好的搭接，设备的机壳或机箱、底盘等应保持电气设备的连续性，保护接地电路的连续性应符合 GB 5226.1—2008 的要求。

3）数控系统控制柜内应安装有接地排（可采用厚度 3mm 铜板），接地排接入大地，接地电阻应小于 4Ω。

4）系统内各电气设备的保护接地端子用尽量粗、短的黄绿双色线连接到接地排上。

5）安全接地线不要构成环路。

6）设备金属外壳或机箱良好接地（大地），是抑制静电放电干扰的最主要措施。一旦发生静电放电，放电电流可以由机箱外层流入大地，不会影响内部电路。

7）设备外壳接大地，起到屏蔽作用，减少与其他设备的相互电磁干扰。

四、常见的触电类型

按照人体触及带电体的方式和电流流过人体的途径，电击可分为单相触电、两相触电和跨步电压触电。

1. 单相触电（图 2-11）

当人体直接碰触带电设备其中一相时，电流通过人体流入大地，这种触电现象称为单相触电。对于高压带电体，人体虽未直接接触，但由于超过了安全距离，高电压对人体放电，造成单相接地而引起的触电也属于单相触电。

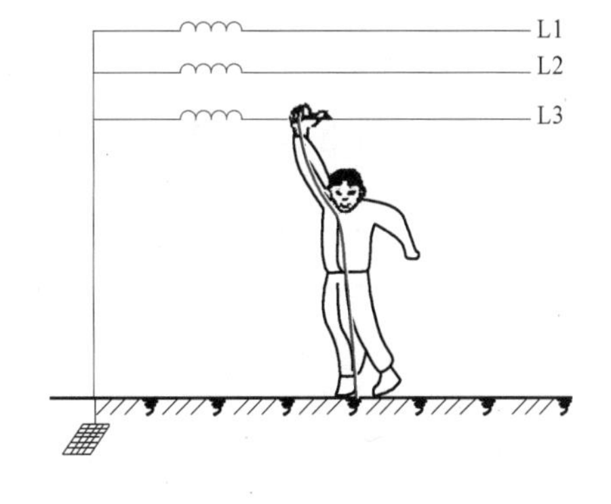

图 2-11 单相触电

2. 两相触电（图 2-12）

人体同时接触带电设备或线路中的两相导体，或在高压系统中，人体同时接近不同相的两相带电导体，而发生电弧放电，电流从一相导体通过人体流入另一相导体，构成闭合回路，这种触电方式称为两相触电。发生两相触电时，作用于人体上的电压等于线电压，这种触电是最危险的。

3. 跨步电压触电（图 2-13）

当电气设备发生接地故障，接地电流通过接地体向大地流散，在地面上形成电位分布时，若人在接地短路点周围行走，其两脚之间的电位差，就是跨步电压。由跨步电压引起的人体触电，称为跨步电压触电。

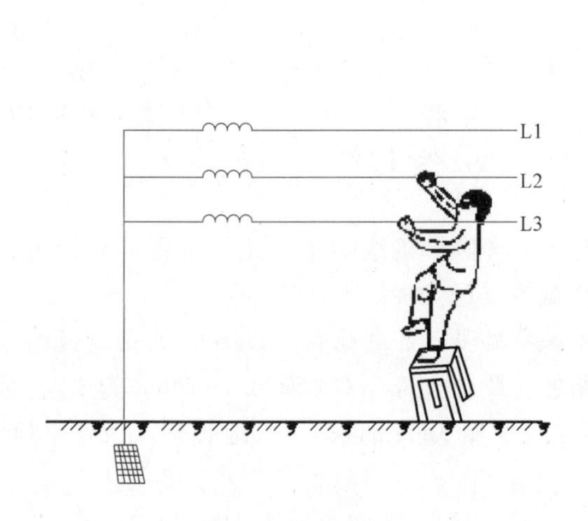

图 2-12　两相触电

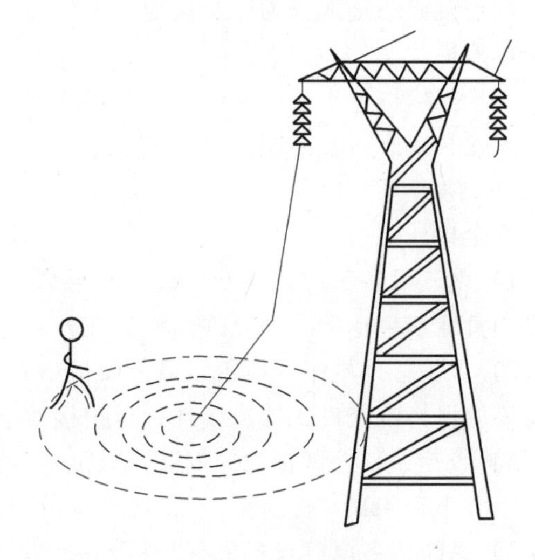

图 2-13　跨步电压触电

五、漏电及漏电保护器

在正常情况下，数控机床的外壳是不带电的，倘若绝缘损坏或带电的导体碰壳，则出现外壳带电的故障，这种故障称为漏电。数控机床漏电时，若有人触及数控机床的金属外壳，就可能发生触电事故。为了防止触电，应加装漏电保护器。

漏电保护器也称为剩余电流断路器，如图 2-14 所示，主要用于在设备发生漏电故障时，在极短时间内自动切断电源，以保证人身安全。安装漏电保护装置后，电气设备外壳仍应采取接地措施，以提高安全可靠性。漏电保护器安装运转后，为确保其动作功能正常应进行必要的使用前检查、定期检查和跳脱动作后的处理。

图 2-14　漏电保护器（1）

1. 使用前检查

漏电保护器因电路设备的漏电电流而跳脱动作或电路发生短路事故时，为确保该漏电保护器性能良好，应按下该漏电保护器上的测试按钮，确认其跳脱动作是否正常。

2. 定期检查

漏电保护器安装后，为确保其功能正常应定期实行各项检查，并记录其结果。定期检查周期建议以 6 个月实施一次为原则。

3. 跳脱动作后的处置

漏电保护器跳脱动作的原因可能为电路、机器设备发生漏电流或漏电保护器本身故障，应由合格的电气技术人员查明并排除后，再次使用漏电保护器（图 2-15）以确保该电路、机器设备无漏电，且漏电保护器的保护功能正常。绝不能将该漏电保护器旁路或任意改用较大容量漏电保护器。

图 2-15 漏电保护器（2）

六、涉电岗位操作人员须知

1）熟悉车间供电系统的供电设施，知道各总开关、分开关的控制范围和线路布置。

2）熟悉生产线上各种设备的电传动原理和生产工艺对电传动的要求，熟悉各控制屏的性能和结构，了解常见故障的检查和排除方法。

3）熟悉生产线上各种电控设施的原理性能和电气控制对设备操作、生产工艺的影响，熟悉电控系统的结构和元件位置、维护和调整方法以及常见故障的检查和排除方法。

4）准备、检查工具和安全防护用品，确保有效、安全。

七、电气安全用具

电气安全用具按功能可分为操作用具和防护用具两类。

1）操作用具：装有绝缘手柄的工具（一字螺钉旋具、十字螺钉旋具、尖嘴钳、斜口钳等）、低压验电笔等。

2）防护用具：绝缘手套、绝缘靴、绝缘垫、绝缘台、遮栏（固定遮栏、临时遮栏）等。

检查与评价

请在课堂学习完成后，选择合适场所实践，并根据实践情况填写本次学习任务评价表（见附录 D）。

相关知识

一、保护接地

根据电工基础知识，并联电路中的总电阻主要由阻值小的电阻来决定。人体电阻假设为

1000Ω，接地电阻为4Ω。采用保护接地之后，当发生人身触电时，并联电路的总电阻接近于保护接地电阻的阻值。

而在串联电路中，串联电阻的阻值越大，则加在其上的电压越大，串联电阻的阻值越小，则加在其上的电压越小。人体电阻假设为1000Ω，接地电阻为4Ω，设定 r 是电网单相对地绝缘电阻，为19kΩ。采用保护接地之后，当发生人身触电时，加在人身上的电压大幅下降，从而流过人体的电流也就越小，如图2-16所示。

接地保护注意事项如下：

1）接地电阻一定符合要求。

2）接地一定可靠。

3）采取保护接地措施后，如果接地短路电流不能使熔丝可靠熔断或自动开关可靠跳闸时，漏电设备金属外壳就会长期带电，也是很危险的。可见保护接地有一定的局限性。

综上所述，保护接地起到了保护人身安全的作用。但从防止人身触电角度考虑，保护接地不能完全保证安全，应当安装漏电保护器。

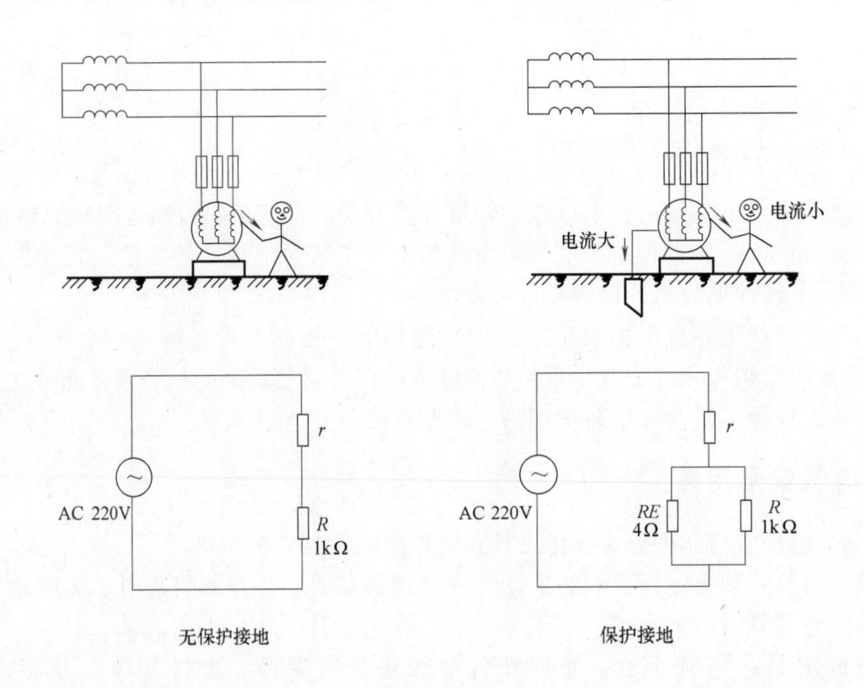

图2-16 保护接地

二、保护接零（图2-17）

如图2-17a所示，对三相四线制供电模式，如果不采用保护接零，设备漏电时人的接触电压为相电压，人体触及外壳便造成单相触电事故，十分危险。如果采用保护接零，如图2-17b所示，当设备漏电时将变成单相短路，短路电流促使线路上的熔断器熔断或者开关跳闸，切断电源以消除人的触电危险。因此，采用保护接零是防止人身触电的有效手段。保护接零一定有快速可靠的开关，否则将加重触电的危险性。

保护接零安全措施用于中性点直接接地，电压为380V/220V的三相四线制配电系统。三线三线制不可能进行保护接零，因为没有零线。采取保护接零，对于单相用电设备，要注意单相设备接零线的负载端和单相设备的金属外壳一定要各自独立地与零线相连接，必须采用三极单相插座。

三、保护接地和保护接零的比较

保护接地和保护接零是维护人身安全的两种技术措施。

（1）保护原理不同　低压系统保护接地的基本原理是限制漏电设备对地电压，使其不超过某一安全范围；保护接零的主要作用是借接零线路使设备漏电形成单相短路，促使线路上保护装置迅速动作。

（2）适用范围不同　保护接地适用于一般的低压不接地电网及采取其他安全措施的低压接地电网。保护接零适用于低压接地电网。

（3）线路结构不同　保护接地系统除相线外，只有保护地线。保护接零系统除相线外，必须有零线和接零保护线；必要时，保护零线要与工作零线分开；其重要装置也应有地线。

发生漏电时，保护接地允许不断电运行，因此存在触电危险，但由于接地电阻的作用，人体接触电压大大降低；保护接零要求必须断电，因此触电危险得以消除，但必须可靠动作。

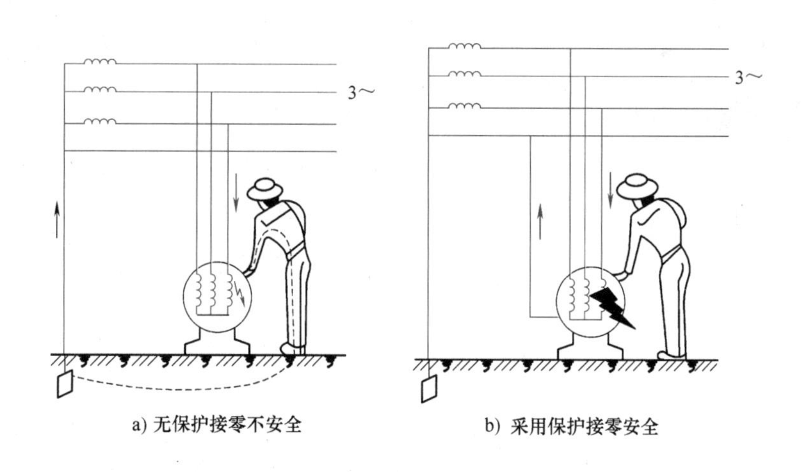

图2-17　保护接零

总结提高

1. 掌握漏电保护知识。
2. 了解触电方式及防护方法。
3. 正确使用漏电保护装置。
4. 掌握保护接地。
5. 掌握保护接零。

课题三　触电急救

课堂任务

1. 了解触电事故的种类。
2. 学习单人徒手心肺复苏急救方法。

实践提示

了解心肺复苏模拟人的使用方法。

实践准备

急救，是一场跟死神的赛跑。在正常室温下，心脏骤停3s之后，人就会因脑缺氧感到头晕；10~20s后，人会意识丧失；30~45s后，瞳孔会散大；1min后呼吸停止；4min后脑细胞就会发生不可逆转的损害。因此，一般人的最佳黄金抢救时间为4~6min，如果在4min之内得不到抢救，病人随即进入生物学死亡阶段，生还希望极为渺茫。正确进行心肺复苏后，50%~60%的患者能存活！

请认真思考急救的重要性，查阅有关资料，完成本次实践计划表。

注：实践计划表（见附录A），建议在每个课题实践前填写。

知识学习

一、安全电压

安全电压又称安全特低电压，指保持独立回路的，其带电导体之间或带电导体与接地体之间不超过某一安全限值的电压。具有安全电压的设备称为Ⅲ类设备。

我国标准规定工频电压有效值的限值为50V、直流电压的限值为120V。我国标准还推荐：当接触面积大于1cm^2、接触时间超过1s时，干燥环境中工频电压有效值的限值为33V、直流电压的限值为70V；潮湿环境中工频电压有效值的限值为16V、直流电压的限值为35V。限值是在任何运行情况下，任何两导体间可能出现的最高电压值。

我国标准规定工频电压有效值的额定值有42V、36V、24V、12V和6V。特别危险环境中使用的手持电动工具应采用42V安全电压；在有电击危险环境中使用的手持照明灯和局部照明灯应采用36V或24V安全电压；金属容器内、隧道内、水井内以及周围有大面积接地导体等工作地点狭窄、行动不便的环境或特别潮湿的环境应采用12V安全电压；水下作业等场所应采用6V安全电压。当电气设备采用24V以上安全电压时，必须采取直接接触电击的防护措施。

二、电气事故的分类

电气事故按发生灾害的形式，分为人身事故、设备事故、电气火灾和爆炸事故等；

按发生事故时的电路状况，分为短路事故、断线事故、接地事故、漏电事故等；按事故的严重性，分为特大事故、重大事故、一般事故等；按伤害的程度，分为死亡、重伤、轻伤三种。

三、触电现场急救原则

（1）迅速 施救者要迅速将触电者移到安全的地方进行施救。
（2）就地 要争取时间，在现场（安全地方）就地抢救触电者。
（3）准确 抢救的方法和施救的动作要正确。
（4）坚持 急救必须坚持到底，直至医务人员判定触电者已经死亡，才能停止抢救。

四、触电现场急救措施

1）立即切断电源，或用不导电物体如干燥的木棍、竹棒或干布等物使伤员尽快脱离电源。急救者切勿直接接触触电伤员，防止自身触电而影响抢救工作的进行，如图 2-18 所示。

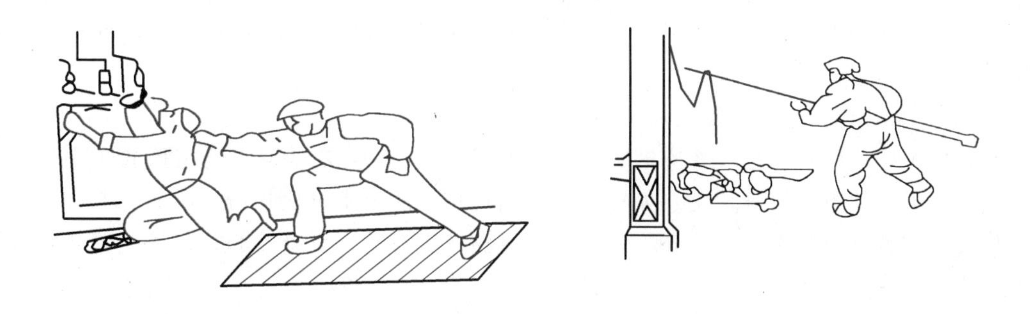

图 2-18 将触电者拉离电源或将触电者身上电线挑开

2）当伤员脱离电源后，应立即检查伤员全身情况，特别是呼吸和心跳，发现呼吸、心跳停止时，应立即就地抢救。

3）呼吸、心跳均停止者，则应在施行胸外心脏按压（图 2-19）的同时进行人工呼吸（图 2-20），以建立呼吸和循环，抢救一定要坚持到底，一直到医护人员到达。

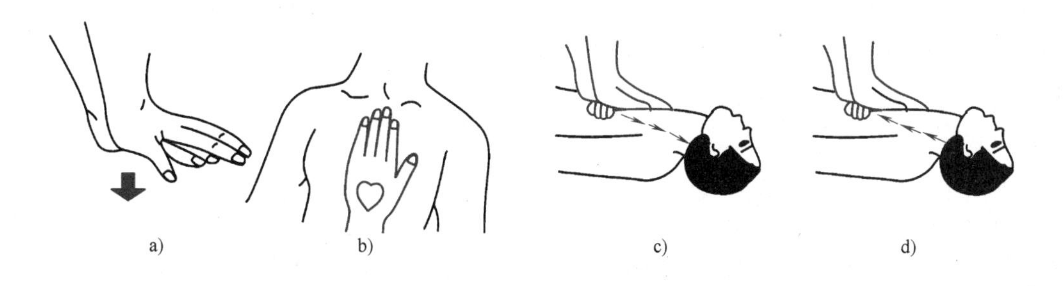

图 2-19 胸外心脏按压急救

步骤简述：一正确压点、二叠手姿势、三向下挤压、四突然放松。

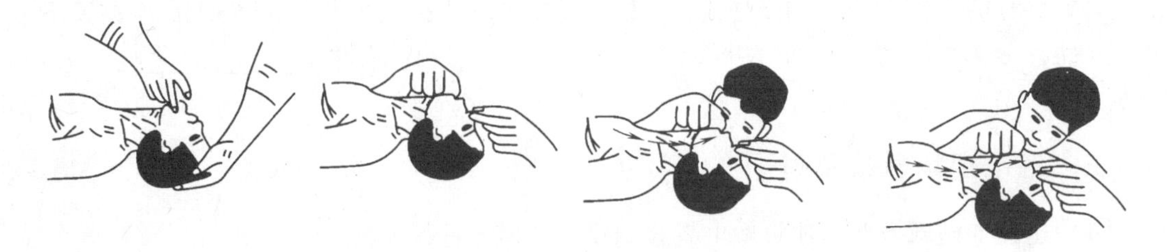

图 2-20 人工呼吸急救

步骤简述：一头部后仰、二捏鼻掰嘴、三贴紧吹气、四放松换气。

五、徒手心肺复苏术

心肺复苏急救方法（CAB 方法）

判断周围环境安全。判断患者有无意识。拍摇患者并大声询问，手指甲掐压人中穴约5s，如无反应表示意识丧失。这时应使患者水平仰卧，解开颈部纽扣，注意清除口腔异物，使患者仰头抬颏，用耳贴近口鼻，如未感到有气流或胸部无起伏，则表示已无呼吸。检查心脏是否跳动，最简易、可靠的是触摸颈动脉。抢救者用 2~3 个手指放在患者气管与颈部肌肉间轻轻按压，时间不少于 10s。

C（circulation）：建立有效的人工循环

如果患者停止心跳，抢救者应握紧拳头，拳眼向上，快速有力猛击患者胸骨正中下段一次。此举有可能使患者心脏复跳，如一次不成功可按上述要求再次扣击一次。如心脏不能复跳，就要通过胸外心脏按压，使心脏和大血管血液产生流动，以维持心、脑等主要器官最低血液需要量。

选择胸外心脏按压部位（图 2-21），先以左手的中指、食指定出肋骨下缘，而后将右手掌侧放在胸骨下 1/3，再将左手放在胸骨上方，左手拇指邻近右手指，使左手掌底部在剑突上。右手置于左手上，手指间互相交错或伸展。按压力量经手跟而向下，手指应抬离胸部。

胸外心脏按压法：急救者两臂位于病人胸骨的正上方，双肘关节伸直，利用上身重量垂直下压，对中等体重的成人下压深度为 5~6cm，为使每次按压后胸廓充分回弹，施救者必须避免在按压间隙倚靠在患者胸上。按压与放松时间大致相等，频率为 100~120 次/min。

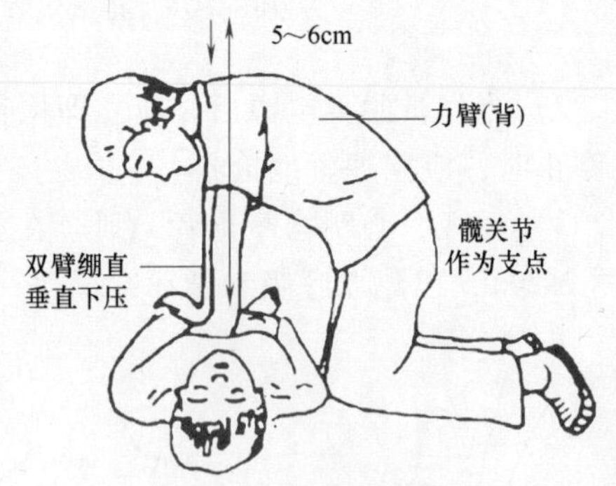

图 2-21 胸外心脏按压法

A（airway）：保持呼吸顺畅

急救者以一手置于患者额部使头部后仰，并以另一手抬起后颈部 或托起下颏，保持呼吸道通畅。对怀疑有颈部损伤者只能托举下颏而不能使头部后仰；若疑有气道异物，应从患者背部双手环抱于患者上腹部，用力、突击性挤压。

B（breathing）：口对口人工呼吸

在保持患者仰头抬颏前提下，施救者用一手捏闭鼻孔（或口唇），然后深吸一大口气，迅速用力向患者口（或鼻）内吹气，然后放松鼻孔（或口唇），照此每5s反复一次，直到恢复自主呼吸。每次吹气间隔1.5s。在这个时间抢救者应自己深呼吸一次，以便继续口对口呼吸，直至专业抢救人员的到来。

当只有一个急救者给病人进行心肺复苏术时，应是每做30次胸外心脏按压，交替进行2次人工呼吸。

当有两个急救者给病人进行心肺复苏术时，首先两个人应呈对称位置，以便于互相交换。此时，一个人做胸外心脏按压；另一个人做人工呼吸。两人可以数着1、2、3……进行配合，每按压心脏30次，口对口或口对鼻人工呼吸2次。

注意事项：

1）口对口吹气量不宜过大，一般不超过1200mL，胸廓稍起伏即可。吹气时间不宜过长，过长会引起急性胃扩张、胃胀气和呕吐。吹气过程要注意观察患（伤）者气道是否通畅，胸廓是否被吹起。

2）胸外心脏按压术只能在患（伤）者心脏停止跳动下才能施行。

3）口对口吹气和胸外心脏按压应同时进行，严格按吹气和按压的比例操作，吹气和按压的次数过多和过少均会影响复苏的成败。

4）胸外心脏按压的位置必须准确，不准确容易损伤其他脏器。按压的力度要适宜，过大过猛容易使胸骨骨折，引起气胸血胸；按压的力度过轻，胸腔压力小，不足以推动血液循环。

5）施行心肺复苏术时应将患（伤）者的衣扣及裤带解松，以免引起内脏损伤。

6）严禁在正常人身上练习心肺复苏，这样可能会导致严重后果。

检查与评价

请在课堂学习完成后，选择合适场所实践，并根据实践情况填写本次学习任务评价表（见附录E）。

相关知识

《2015美国心脏协会心肺复苏及心血管急救指南》更新：所有经过培训的非专业施救者应至少为心脏骤停患者进行过胸外心脏按压。另外，如果经过培训的非专业施救者有能力进行人工呼吸，应按照30次按压对应2次呼吸的比率进行按压和人工呼吸。施救者应继续实施心肺复苏，直至自动体外除颤仪（AED）到达且可供使用，或者急救人员已接管患者。

总结提高

1. 学习触电急救技能。
2. 总结电气事故分类和触电急救方法。

课题四　电气火灾及处理

课堂任务

1. 了解电气火灾的特点及处理方法。

2. 掌握灭火器的使用方法。

实践提示

消防“四个能力”：

一是提高社会单位检查消除火灾隐患的能力；

二是提高社会单位组织扑救初起火灾的能力；

三是提高社会单位组织人员疏散逃生的能力；

四是提高社会单位消防宣传教育培训的能力。

实践准备

根据学校设备情况，准备不同类型的灭火器若干，阅读其使用说明书，完成本次实践计划表。

注：实践计划表（见附录A），建议在每个课题实践前填写。

知识学习

一、电气火灾的产生

1. 漏电火灾

所谓漏电，是线路的某一个地方因为某种自然或人为原因，如风吹雨打、潮湿、高温、碰压、划破、摩擦、腐蚀等使电线的绝缘材料或支架材料的绝缘能力下降，导致电线与电线之间（通过损坏的绝缘、支架等）、导线与大地之间（电线通过水泥墙壁的钢筋、马铁皮等）有一部分电流通过，这种现象就是漏电。当漏电发生时，泄漏的电流在流入大地途中，如遇电阻较大的部位时会产生局部高温，致使附近的可燃物着火，从而引起火灾。此外，在漏电点产生的漏电火花，同样也会引起火灾。

2. 短路火灾

电气线路中的裸导线或绝缘导线的绝缘体破损后，相线与邻线或相线与地线（包括接地从属于大地）在某一点碰在一起，引起电流突然大量增加的现象称为短路，俗称碰线、混线或连电。由于短路时电阻突然减少，电流突然增大，其瞬间的发热量也很大，大大超过了线路正常工作时的发热量，并在短路点易产生强烈的火花和电弧，不仅能使绝缘层迅速燃烧，而且能使金属熔化，引起附近的易燃物燃烧，造成火灾。

3. 过载火灾

所谓过载是当导线中通过电流量超过了安全载流量时，导线的温度不断升高，这种现象称为导线过载。当导线过载时，加快了导线绝缘层老化变质。当严重过载时，导线的温度会不断升高，甚至会引起导线的绝缘发生燃烧，并能引燃导线附近的可燃物，从而造成火灾。

4. 接触电阻过大火灾

凡是导线与导线，导线与开关、熔断器、仪表、电气设备等连接的地方都有接头，在接头的接触面上形成的电阻称为接触电阻。当有电流通过接头时会发热，这是正常现象。如果接头处理良好，接触电阻不大，则接头点的发热就很少，可以保持正常温度。如果接头中有杂质，连接不牢靠或其他原因使接头接触不良，造成接触部位的局部电阻过大，当电流通过接头时，就会在此处产生大量的热，形成高温，这种现象就是接触电阻过大。在有较大电流通过的电气线路上，如果在某处出现接触电阻过大这种现象时，就会在接触电阻过大的局部范围内产生极大的热量，使金属变色甚至熔化，引起导线的绝缘层发生燃烧，并引燃附近的可燃物或导线上积落的粉尘、纤维等，从而造成火灾。

二、电气火灾的预防

根据电气火灾形成的主要原因，电气火灾主要从以下几个方面进行预防：

1）要合理选用电气设备和导线，不要使其超负载运行。

2）在安装开关、熔断器或架线时，应避开易燃物，与易燃物保持必要的防火间距。

3）保持电气设备正常运行，特别注意线路或设备连接处的接触保持正常运行状态，以避免因连接不牢或接触不良使设备过热。

4）要定期清扫电气设备，保持设备清洁。

5）加强对设备的运行管理。要定期检修、试验，防止绝缘损坏等造成短路。

6）电气设备的金属外壳应可靠接地或接零。

三、电气火灾的扑救

电气火灾与一般火灾相比，有两个特点：

1）电气设备着火后可能仍然带电，并且在一定范围内存在触电危险。

2）充油电气设备如变压器等受热后可能会喷油甚至爆炸，造成火灾蔓延且危及救火人员的安全。所以，扑救电气火灾必须根据现场火灾情况，采取适当的方法，以保证灭火人员的安全。

1. 断电灭火

电气设备发生火灾或引燃周围可燃物时，首先应设法切断电源，必须注意以下事项：

1）处于火灾区的电气设备因受潮或烟熏，绝缘能力降低，所以拉下开关断电时，要使用绝缘工具。

2）剪断电线时，不同相电线应错位剪断，防止线路发生短路。

3）应在电源侧的电线支持点附近剪断电线，防止电线剪断后跌落在地上，造成电击或短路。

4）如果火势已威胁邻近电气设备时，应迅速拉开相应的开关。

5）夜间发生电气火灾，切断电源时，要考虑临时照明问题，以利扑救。如需要供电部门切断电源时，应及时联系。

2. 带电灭火

为了争取灭火时间，防止火灾扩大，来不及断电或因需要或其他原因不能断电，则需要带电灭火。如果无法及时切断电源而需要带电灭火时，要注意以下几点：

1）应选用不导电的灭火器材灭火，如干粉、二氧化碳、1211灭火器，不得使用泡沫灭火器带电灭火。

2）要保持人及所使用的导电消防器材与带电体之间有足够的安全距离，扑救人员应戴绝缘手套和穿绝缘靴或穿均压服操作。

3）对架空线路等空中设备进行灭火时，人与带电体之间的仰角不应超过 45°，而且应站在线路外侧，防止电线断落后触及人体，如带电体已断落地面，应划出一定警戒区，以防跨步电压伤人。

4）用水枪灭火时宜采用喷雾水枪，这种水枪通过水柱的泄漏电流较小，带电灭火比较安全；用普通直流水枪灭火时，为防止通过水柱的泄漏电流通过人体，可以将水枪喷嘴接地。

5）人体与带电体之间要保持必要的安全距离。用水灭火时，水枪喷嘴至带电体的距离应：电压 110kV 及以下者不小于 3m，220kV 及以上者不小于 5m；用二氧化碳等有不导电的灭火机时，机体、喷嘴至带电体的最小距离应：10kV 者不小于 0.4m，36kV 者不小于 0.6m。

6）充油电气设备灭火。

① 充油设备着火时，应立即切断电源，如外部局部着火时，可用二氧化碳、1211、干粉等灭火器材灭火。图 2-22 所示为手提式二氧化碳灭火器使用方法。图 2-23 所示为推车式干粉灭火器使用方法。

② 如设备内部着火，且火势较大，切断电源后可用水灭火，有事故贮油池的应设法将油放入池中，再行扑救。

a) 用右手握着压把

b) 右手提着灭火器去现场

c) 拔掉铅封

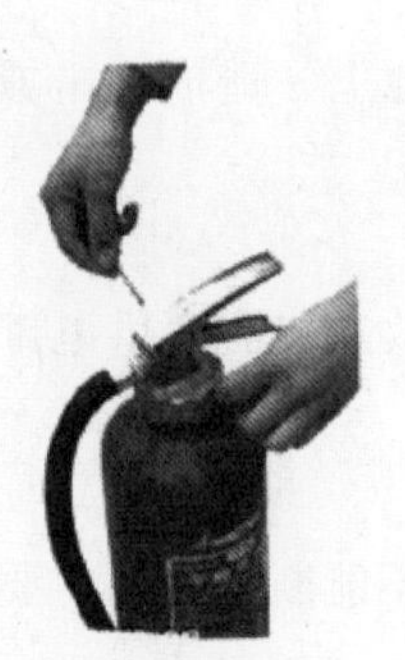

d) 拔出保险销

e) 站在距火源2m的地方，左手拿着喇叭筒，右手用力压下压把

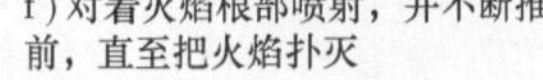

f) 对着火焰根部喷射，并不断推前，直至把火焰扑灭

图 2-22　手提式二氧化碳灭火器使用方法

a) 把干粉车拉或推到现场

b) 右手抓着喷粉枪，左手顺势展开喷粉胶管，直至平直，不能弯折或打圈

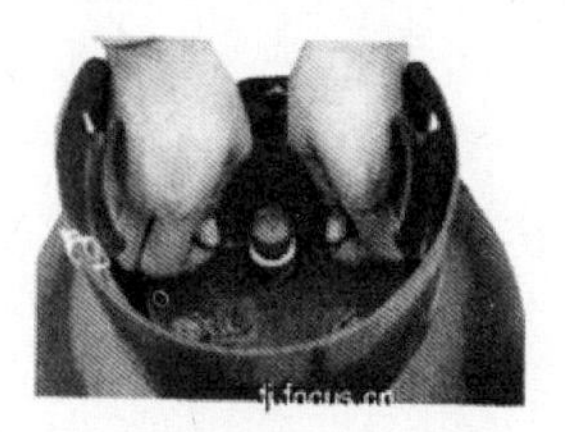

c) 除掉铅封，拔出保险销

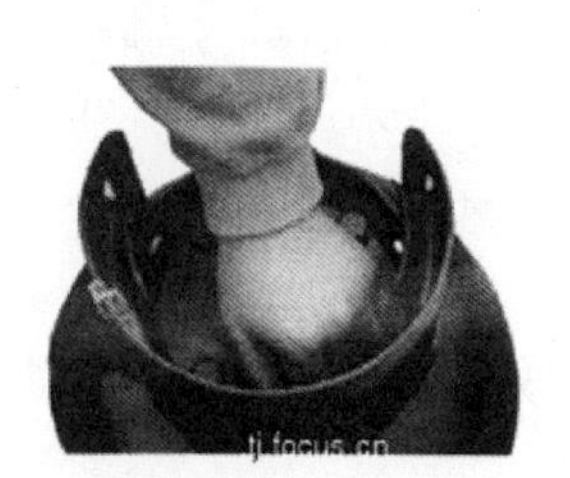

d) 用手掌用力按下供气阀门

e) 左手握喷粉枪管托，右手握枪把用手指扳动喷粉开关，对准火焰喷射，不断靠前左右摆动喷粉枪，使干粉笼罩住燃烧区，直至把火扑灭为止

图 2-23 推车式干粉灭火器使用方法

检查与评价

请在课堂学习完成后，选择合适场所实践，并根据实践情况填写本次学习任务评价表(见附录 F)。

相关知识

一、火灾的分类

火灾依据燃烧物质的特性，可划分为 A、B、C、D、E 、F 六类。

A 类火灾：指固体物质火灾。这种物质往往具有有机物质性质，一般在燃烧时产生灼热的余烬。如木材、煤、棉、毛、麻、纸张等火灾。

B 类火灾：指液体火灾和可熔化的固体物质火灾，如汽油、煤油、柴油、原油，甲醇、乙醇、沥青、石蜡等火灾。

C 类火灾：指气体火灾，如煤气、天然气、甲烷、乙烷、丙烷、氢气等火灾。

D 类火灾：指金属火灾，如钾、钠、镁、铝镁合金等火灾。

E 类火灾：指带电物体和精密仪器等物质的火灾。

F 类火灾：指烹饪器具内的烹饪物（如动植物油脂）火灾。

二、防雷知识

在地球大气层中，每一秒钟都有近百次雷电落地，每天都有 800 万次闪电释放着巨大的能量，给人类带来巨大的威胁。雷电分为：①直击雷：雷云较低时，在地面较高的凸出物上产生静电感应，感应电荷与雷云所带电荷相反而发生放电，所产生的电压可高达几百万伏。②感应雷：感应雷分为静电感应雷和电磁感应雷，感应雷产生的感应过电压，其值可达数十万伏。③ 球形雷：雷击时形成的一种发红光或白光的火球。④雷电侵入波：雷击时在电力线路或金属管道上产生的高压冲击波。

1. 车间等建筑物的外部无源保护

现代防雷技术的理论基础在于：闪电是电流源，防雷的基本途径是要提供一条雷电流（包括雷电电磁脉冲辐射）对地泄放的合理阻抗路径，而不能让其随机性选择放电通道，简而言之就是要控制雷电能量的泄放与转换。常用的避雷装置有避雷针、避雷线、避雷网、避雷带和避雷器等。

（1）避雷针　一种尖形金属导体，装设在高大、凸出、孤立的建筑物或室外电力设施的凸出部位。

（2）避雷线、避雷网和避雷带　避雷线主要用于电力线路的防雷保护，避雷网和避雷带主要用于工业建筑和民用建筑的保护。

（3）避雷器　其基本原理类同，为正常时，避雷器处于断路状态。出现雷电过电压时发生击穿放电，将过电压引入大地。过电压终止后，迅速恢复阻断状态。

2. 电气设备的内部防护

随着数控加工技术和 CAD/CAM 技术的发展，实习车间的数控机床一般配置有计算机。雷雨天气时，雷电产生的过电流和过电压的感应浪涌，可能会沿着电源线或者网线进入计算机内部，破坏计算机主板的芯片、接口以及上网设备，造成硬件的损坏和通信故障。为了避免此情况出现，首先要保证计算机等设备的前端有个良好的防雷装置，这样能把雷电产生的感应电流有效地衰减，将损坏度降到最低。大多数计算机使用三相插头，需要检查所对应的插座是否良好接地。同时，有少数笔记本计算机使用双相插头，则更应该注意防雷问题。其次，雷雨天气尽量不要上网。对于使用路由器或光端机上网的用户来说，最好使用加装防雷装置的相应设备。最简便的防雷方法就是把计算机的电源插座以及通信线路拔掉，让计算机与电源、信号线彻底断开。另外，雷雨天气最好暂时停止数控机床的使用，并且要切断供电电源，以确保机床设备的安全和操作人员的人身安全。

总结提高

1. 了解电气火灾的产生原因。
2. 掌握电气火灾扑救的技能。
3. 了解防雷知识。

单元三
电工工具和电工材料常识

学习目标

通过本单元的学习，能基本认识常用电工工具及电工材料，掌握各种工具及电工仪表使用的相关知识，能够初步使用相关仪表，认识常用的电子元器件，建立初步的安全意识和良好的使用习惯。

课题一　常用电工工具、材料及仪表的认识

课堂任务

1. 了解常见电工工具。
2. 了解常见电工材料。
3. 了解常见电工仪表。

实践提示

1. 参观实验室各种电工工具，认识各种电工材料及各种仪表操作方法。
2. 动手操作各种导线的连接。
3. 用万用表测电压、电流、电阻及电子元器件。

实践准备

常用的电工工具有哪些？它们的使用方法是什么？常用的电工材料有几种，它们的用途是什么？请认真思考上述问题，查阅有关资料，完成本次实践计划表。

注：实践计划表（见附录 A），建议在每个课题实践前填写。

知识学习

一、电工工具

常用工具包括五金工具、焊接工具和专用测量设备等。

常用的五金工具，主要是指运用机械原理进行电子产品安装和加工的工具。一般分为普通工具和专用工具两大类。普通工具指既可用于电子产品装配，又可用于其他机械装配的通

用工具。常用的如下：

1. 螺钉旋具（图 3-1）

其构造与作用：它是一种旋紧或松开螺钉的工具，分一字形和十字形两种。

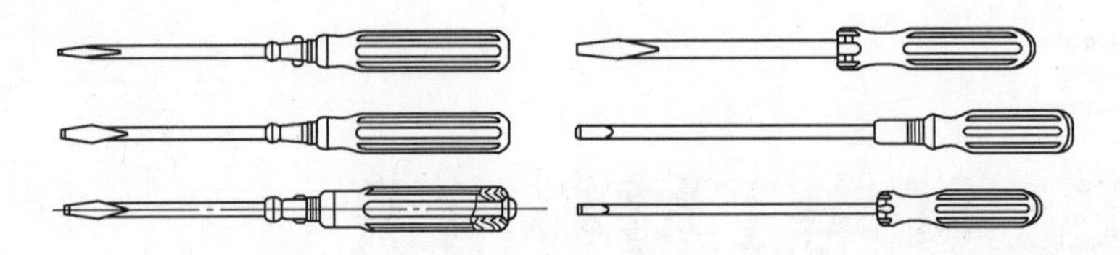

图 3-1 螺钉旋具

2. 尖嘴钳（图 3-2）

其构造及作用：头部细而长，有细齿，它的柄部套有绝缘管，耐压一般为 500V。适用于狭小的地方，夹捏小零件，也可弯圈，带刃口者可剪切细小的铜线、铝线。

规格：按总长度有 130mm、160mm、180mm、200mm4 种规格。

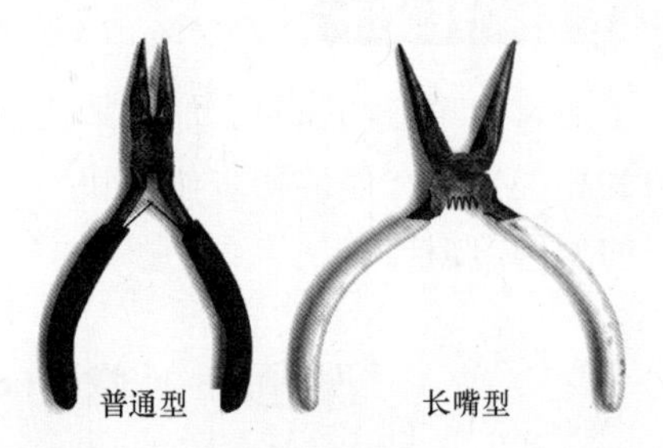

图 3-2 尖嘴钳

3. 斜口钳

其构造与作用：斜口钳（又称断线钳）有圆弧形的钳头和上翘的刃口，适宜于剪断金属丝。钳柄有铁柄、管柄和绝缘柄，耐压一般为 1000V。如图 3-3 所示。

规格：按总长度有 130mm、160mm、180mm、200mm 共 4 种规格。

4. 钢丝钳（图 3-4）

其结构与作用：俗称老虎钳，它是钳夹和剪切工具，由钳头和钳柄两部分组成。电工钢丝钳在钳柄套有绝缘管（耐压 500V），可用于适当的带电作业，弯绞或钳夹导线线头、固紧或起松螺母；刃口用于剪切导线或剖切软导线绝缘层；铡口用于铡切电线线芯和钢丝、铅丝等较硬金属。

规格：按总长度分为 150mm、175mm、200mm 多种规格。

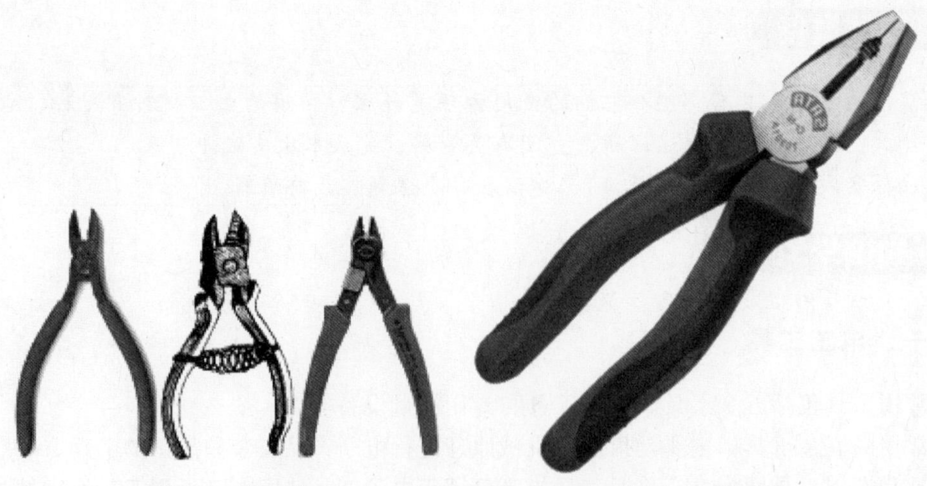

图 3-3 斜口钳

图 3-4 钢丝钳

5. 扳手（图 3-5）

扳手是常用的一种利用杠杆原理紧固和放松螺母的专用工具。它由头部和柄部组成，包括呆扳手和活扳手等。

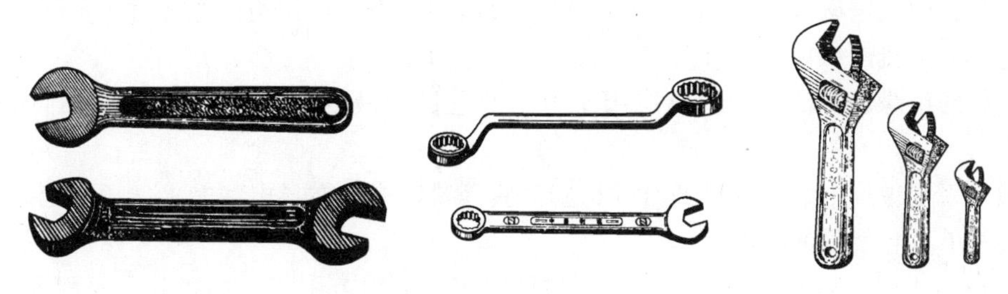

图 3-5 扳手

6. 剥线钳（图 3-6）

剥线钳是内线电工，电动机修理、仪器仪表电工常用的工具之一，主要用于剥除电线头部表面的绝缘层。它由钳头和手柄两部分组成，剥线钳的规格有 140mm、160mm、180mm（全长）。

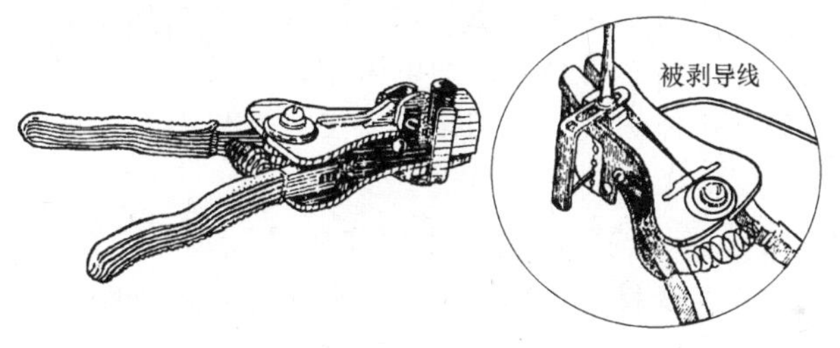

图 3-6 剥线钳

二、电工材料

1. 导电材料

导电材料大部分是金属，其特点是导电性好，有一定的机械强度，不易氧化和腐蚀，容易加工和焊接。金属中导电性能最好的是银，其次是铜、铝。由于银的价格比较昂贵，因此只在比较特殊的场合才使用，一般都将铜和铝用作主要的导电金属材料。

铜的导电性能好，在常温时有足够的机械强度，具有良好的延展性，便于加工，化学性能稳定，不易氧化和腐蚀，容易焊接，因此广泛用于制造变压器、电动机和各种电器的线圈。纯铜俗称紫铜，含铜量高，根据材料的软硬程度可分为硬铜和软铜两种。

铝的导电系数虽比铜大，但密度小。同样长度的两根导线，若要求它们的电阻值一样，则铝导线的横截面积约是铜导线的 1.69 倍。铝资源较丰富，价格便宜，在铜材紧缺时，铝材是最好的代用品。

导线按照性能结构可以分为裸导线、电磁线、电线电缆几种类型。

（1）裸导线　裸导线只有导体部分，没有绝缘和护层结构。按产品的形状和结构不同，裸导线分为圆单线、软接线、型线和裸绞线四种。修理电机电器时经常用到的是软接线和型线。

1）软接线是由多股铜线或镀锡铜线绞合编织而成的，其特点是柔软，耐振动，耐弯曲。例如汽车、电瓶车蓄电池连接线，移动式电气设备的引出线、接地线等。

2）型线是非圆形截面的裸电线，配电设备中使用的硬母线就属于型线。

（2）电磁线　电磁线应用于电机电器及电工仪表中，作为绕组或元件的绝缘导线。常用电磁线的导电线芯有圆线和扁线两种，目前大多采用铜线，很少采用铝线。由于导线外面有绝缘材料，因此电磁线有不同的耐热等级。常用的电磁线按使用的绝缘材料不同分为漆包线、绕包线、无机绝缘电磁线几类。

漆包线的绝缘层是漆膜，广泛应用于中小型电机及微电机、干式变压器和其他电工产品中。

绕包线采用玻璃丝、绝缘纸或合成树脂薄膜等紧密绕包在导电线芯上，形成绝缘层；也有在漆包线上再包绕绝缘层的。

（3）电线电缆　电气设备用电线电缆品种很多，适用范围广，一般分为通用电线电缆、专用电线电缆两大类。

（4）电热材料　电热材料用于制造各种电阻加热设备中的热元件，可作为电阻接到电路中，把电能转变为热能，使加热设备的温度升高。目前工业上常用的电热材料可分为金属电热材料和非金属电热材料两大类。

电热材料选用的恰当与否直接关系到电热设备的技术参数及应用规范，选用时必须综合考虑各项因素，并遵循如下原则：①具有高的电阻率；②具有足够的耐热性；③应具有良好的可加工性；④热膨胀系数不能太大，否则高温下尺寸变化太大，易引起短路等。

2. 绝缘材料

（1）绝缘材料的主要性能　绝缘材料的主要作用是隔离带电的或不同电位的导体，使电流能按预定的方向流动。绝缘材料大部分是有机材料，其耐热性、机械强度和寿命比金属材料低得多。电工绝缘材料一般分气体、体和固体三大类。

固体绝缘材料的主要性能指标有以下几项：①击穿强度；②绝缘电阻；③耐热性；④黏度、固体含量、酸值、干燥时间及胶化时间；⑤机械强度：根据各种绝缘材料的具体要求，相应规定抗张、抗压、抗弯、抗剪、抗撕拉、抗冲击等各种强度指标。

（2）绝缘材料的种类

1）浸渍漆。浸渍漆主要用来浸渍电机电器的线圈和绝缘零部件，以填充其间隙和微孔，提高它们的电气及力学性能。

2）覆盖漆。覆盖漆有清漆和瓷漆两种，用来涂覆经浸渍处理后的线圈和绝缘零部件，在其表面形成连续而均匀的漆膜，作为绝缘保护层，以防止机械损伤以及防止受大气、润滑油和化学药品的侵蚀。

3）硅钢片漆。硅钢片漆被用来覆盖硅钢片表面，以降低铁心的涡流损耗，增强防锈及耐腐蚀能力。常用的油性硅钢片漆具有附着力强、漆膜薄、坚硬、光滑、厚度均匀、耐油、防潮等特点。

三、电工仪表

电工仪表是用于测量电量并加以显示的仪器，电工仪表逐渐趋于数字化、网络化、智能化、小型化方向发展。常说的电磁测量（也称为电气测量）包含电测量和磁测量两种。电量指电流、电压、功率、电能、电阻、电感、电容等参数；磁量指磁场以及物质在磁场磁化下的各种磁特性，下面只介绍电量的测量工具及其使用方法。

1. 电工仪表的概述

(1) 电工仪表分类

1) 按仪表用途分，有电流表、电压表、功率表、电能表、万用表等。

2) 按被测量的交直流种类分，有直流表、交流表、交直流两用表等。

3) 按仪表工作原理分，有磁电系、电磁系、感应系、电动系等。

4) 按准确度等级分，有0.1、0.2、0.5、1.0、1.5、2.5、5.0七级。

5) 按使用方式分，有便携式、安装式电工仪表。

6) 按仪表的读数方法分，有指针式、数字式电工仪表。

(2) 电工仪表的选用

1) 选择类型。

2) 选择准确度。

3) 选择量程。

4) 选择内阻。

5) 考虑工作环境等。

(3) 电工仪表使用的注意事项

1) 严格按说明书要求存放和使用。

2) 长期使用、存放的仪表，应定期检验和校正。

3) 轻拿轻放，不得随意调试和拆装。

4) 在测量进行中不得更换档位或切换开关。

5) 严格分清仪表测量功能和量程，不能接错测量线路。

2. 电流表

(1) 电流表　又称安培表，在电路中用来测量电流。电流表的符号为Ⓐ，电流基本单位是安培（A）。常用的电流表有磁电系电流表、电磁系电流表及钳形电流表等。磁电系电流表主要用来测量直流；电磁系电流表可交直流两用；钳形电流表具有方便、灵活等特点，因此应用较广，如图3-7所示。

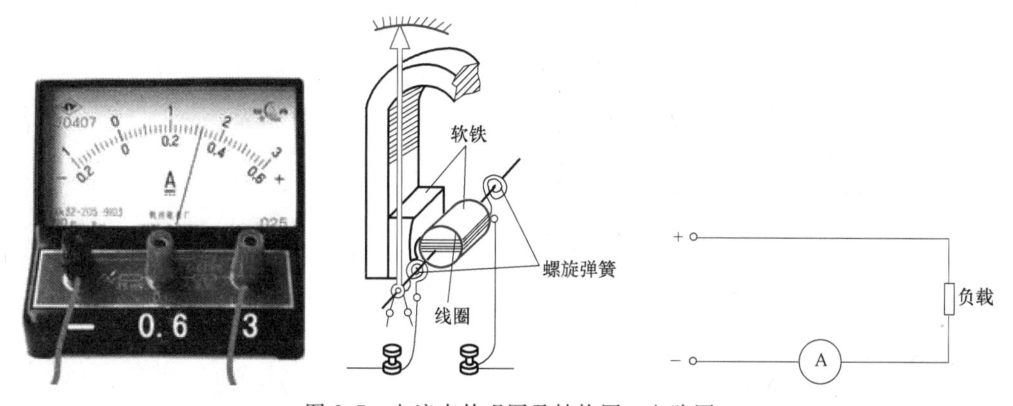

图3-7　电流表外观图及结构图、电路图

(2) 使用方法

1) 要与用电器串联在电路中，否则会短路，烧毁电流表。

2) 电流要从“+”接线柱流入，从“−”接线柱流出，否则指针反转，容易把指针打弯。

3）被测电流不要超过电流表的量程，可以采用试触的方法来看是否超过量程。

4）绝对不允许不经过用电器而把电流表连到电源的两极上。

说明：电流表内阻很小，相当于一根导线。若将电流表连到电源的两极上，轻则造成指针打歪，重则烧坏电流表、电源及导线。

（3）使用前注意事项

1）校零。

2）选用量程。

3）直流电流表和交流电流表区别很大，不能交换测量。

3. 钳形电流表

（1）钳形电流表　通常用普通电流表测量电流时，需要将电路切断停机后才能将电流表接入进行测量，这是很麻烦的，有时正常运行的电动机不允许这样做。此时，使用钳形电流表就方便许多，可以在不切断电路的情况下来测量电流。例如，用直流钳形电流表检测直流电流（DCA）时，如果电流的流向相反，则显示出负数，例如可使用该功能检测汽车的蓄电池是充电状态还是放电状态。

（2）工作原理　钳形电流表是由电流互感器和电流表组合而成，如图3-8所示。穿过铁心的被测电路导线就成为电流互感器的一次线圈，其中通过电流便在二次线圈中感应出电流，从而使二次线圈相连接的电流表有指示，即测出被测线路的电流。钳形电流表可以通过转换开关的拨档，改换不同的量程，但拨档时不允许带电进行操作。钳形电流表准确度不高，通常为2.5~5级。为了使用方便，表内还有不同量程的转换开关供测量不同等级电流，以及具有测量电压的功能。

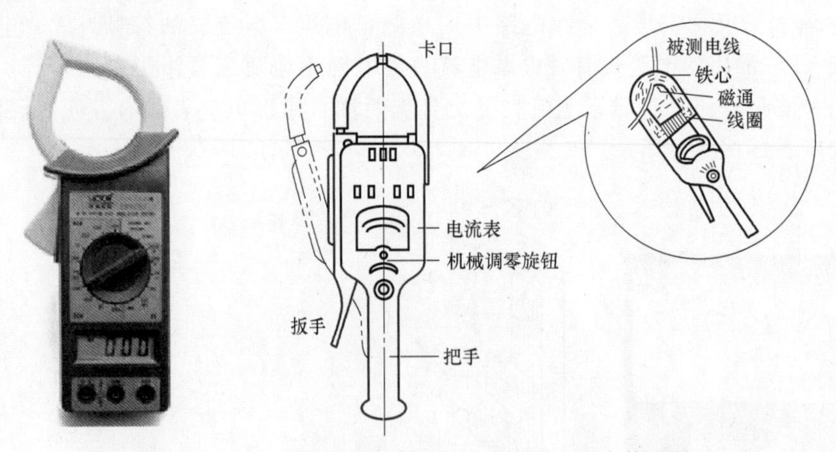

图3-8　数字式钳形电流表和指针式钳形电流表外观图

（3）使用方法

1）测量前电流表要机械调零。

2）估测被测电流大小，选择合适的量程；若无法估测，要先选大量程，后选小量程。

3）测量时，应使被测导线处在钳口的中央，并使钳口闭合紧密，以减少误差。

4）转换量程时，必须在不带电或者钳口张开情况下进行，以免损坏仪表。

5）测量小电流时，为了使读数准确，可将被测导线多绕几圈，再放进钳口进行测量，实际电流值等于仪表的读数除以放进钳口中的导线匝数。

6）测量完毕，要将转换开关拨至最大量程处。

（4）注意事项

1）被测线路的电压要低于钳形电流表的额定电压。

2）测高压线路的电流时，要戴绝缘手套，穿绝缘鞋，站在绝缘垫上。

4. 验电笔

验电笔简称电笔，是一种常见的电工工具，用来测试导线和电气设备是否带电。

（1）类型

1）螺钉旋具式电笔：可以兼职电笔和一字螺钉旋具用。

2）数显式电笔：无需物理接触，可检查控制线、导体和插座上的电压或沿导线检查断路位置。

（2）电笔结构　电笔的原理是它们有很高值的内阻，如图 3-9 所示。当电源经电笔——人体——大地形成回路时电流小于 1mA，氖气管能发光，人体并没有感觉。使用电笔时一定要注意它们适用的范围，不能超压使用。

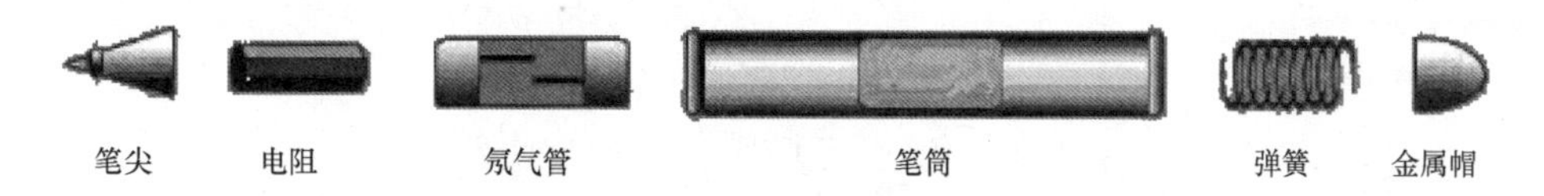

图 3-9　电笔结构

当电笔测试带电体时，只要带电体、电笔和人体、大地构成通路，并且带电体与大地之间的电位差超过一定数值（例如 60V），电笔之中的氖气管就会发光，这就告诉我们，被测物体带电，并且超过了一定的电压强度。

（3）使用方法

1）普通电笔使用方法。使用电笔（图 3-10）时，人手接触电笔的部位一定是位于电笔尾端的金属，绝对不要触及电笔前端的金属探头。笔握好以后，用笔尖去接触测试点，并同时观察氖气管是否发光。如果电笔氖气管发光微弱，切不可就断定带电体电压不够高，也许是电笔或带电体测试点有污垢，也可能测试的是带电体的地线，这时必须擦干净电笔或者重新选测试点。反复测试后，氖气管仍然不亮或者微亮，才能最后确定测试体确实不带电。

2）数显式电笔的使用方法，如图 3-11 所示。

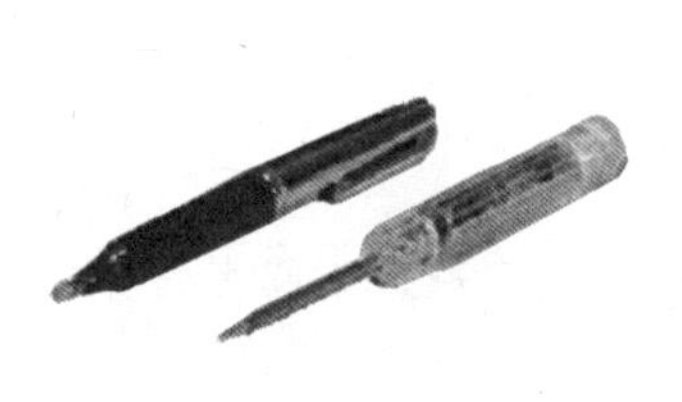

图 3-10　电笔外观图

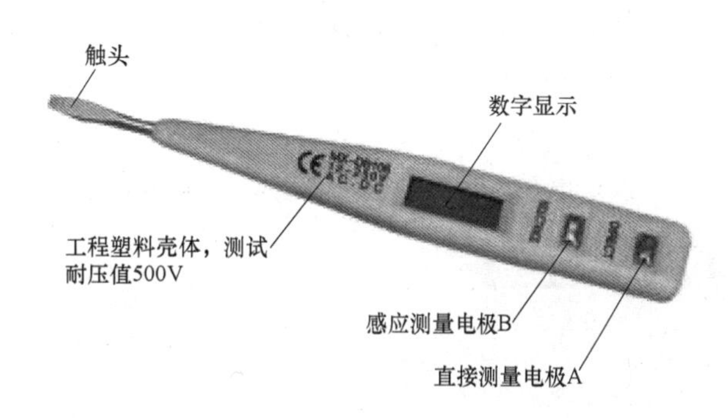

图 3-11　数显式电笔外观图

① 适用于直接检测 12~250V 的交直流电和间接检测交流电的零线、相线和断点，还可测量不带电导体的通断。

② 感应测量按键（离液晶屏较近），用笔尖感应接触线路时按此按键。

③ 直接测量按键（离液晶屏较远），用笔尖直接接触线路时按此按键。

④ 间接检测：按住 B 键，将笔头靠近电源线，如果电源线带电的话，数显电笔的显示器上将显示高压符号。

⑤ 断点检测：按住 B 键，沿电线纵向移动时，显示窗内无显示处即为断点处。

（4）注意事项

1）使用之前，首先要检查电笔的适用电压，再检查是否有安全电阻，是否损坏、受潮、进水、破裂等，合格后才能使用。

2）使用时，不能用手触及电笔前端的金属探头。

3）使用时，一定要用手触及电笔尾端的金属部分。

4）在测量电器设备是否带电之前，先要找一个已知电源试测，检查电笔的氖气管是否正常发光。

检查与评价

课堂学习完成后，根据实践计划到实习场所完成教学实践，填写本次学习任务评价表（见附录 G）。

总结提高

对于不同的工具及仪表，由于结构、作用不同，操作使用方法也不相同，一定注意区分各种工具仪表的使用方法。

课题二 常用电子元器件

课堂任务

1. 掌握常用电子元器件的识别方法。
2. 掌握常用电子元器件的主要性能参数。

实践提示

1. 参观实验室认识各种电子元器件。
2. 识别电子元器件的主要参数。

实践准备

什么是电子元器件？常见的电子元器件有哪些？请认真思考上述问题，查阅有关资料，完成本次实践计划表。

注：实践计划表（见附录 A），建议在每个课题实践前填写。

电子元器件是元件和器件的总称，包括电子元件和电子器件两部分。按分类标准，电子元件可分为 11 个大类，如电阻、电容、电感等，又称为无源器件。电子器件指在工厂生产加工时改变了分子结构的成品，如晶体管、电子管、集成电路。因为它本身能产生电子，对电压和电流有控制、变换作用（如放大、开关、整流、检波、振荡和调制等），所以又称为有源器件。按分类标准，电子器件可分为 12 个大类，可归纳为真空电子器件和半导体器件两大块。

一、电容

由绝缘材料（介质）隔开的两个导体即构成一个电容。电容器是最常用、基本的电子元件之一，简称为电容。它是一种储能元件，当两端加上电压以后，极板间的电介质即处于电场之中，在电路中用于调谐、滤波、耦合、旁路、隔直、移相、能量转换和延时等。储存电荷的能力用电容量 C 表示。常用的容量单位有 μF（10^{-6} F）、nF（10^{-9} F）和 pF（10^{-12} F），标注方法与电阻相同。省略标注单位时，默认单位应为 pF。

表 3-1 列有常见电容的比较，对照学习后加以总结。

表 3-1　常见电容的比较

名称	实物图	特点
陶瓷电容		以高介电常数、低损耗的陶瓷材料为介质，体积小，自体电感小
云母电容		以云母片作为介质的电容，其性能优良，高稳定，高精密
纸质电容		电容的电极用铝箔或锡箔做成，绝缘介质是浸蜡的纸，相叠后卷成圆柱体，外包防潮物质，有时外壳采用密封的铁壳以提高防潮性。价格低，容量大

（续）

名称	实物图	特点
薄膜电容		用聚苯乙烯、聚四氟乙烯或涤纶等有机薄膜代替纸介质做成的各种电容。体积小，但损耗大，不稳定
电解电容		以铝、钽、锯、钛等金属氧化膜作为介质的电容。容量大，稳定性差，使用时应注意极性

二、电阻

导体对电流呈现的阻碍作用称为电阻。常把电阻器简称为电阻。我们日常生活中的许多电器都有电阻，有的非常大，有的很小。电阻是任何电子线路中不可缺少的一种元件。顾名思义，电阻的作用是阻碍电子的作用。在电路中，电阻主要有缓冲、分压、分流、负载、保护等作用，用于稳定、调节、控制电压或电流的大小。

表 3-2 列有常见电阻的比较，对照学习后加以总结。

表 3-2　常见电阻的比较

名称	实物图	特点
金属膜电阻		由金属合金粉沉积在瓷质基体上制成的，通过改变金属膜的厚度或长度得到不同的电阻值。其优点是耐高温、高频特性好、精度高；缺点是成本高
碳膜电阻		由碳沉积在瓷质基体上制成的，通过改变碳膜的厚度或长度得到不同的电阻值。优点是价格低、高频特性好；缺点是稳定性差，噪声大、误差大

（续）

名称	实　物　图	特　　点
热敏电阻	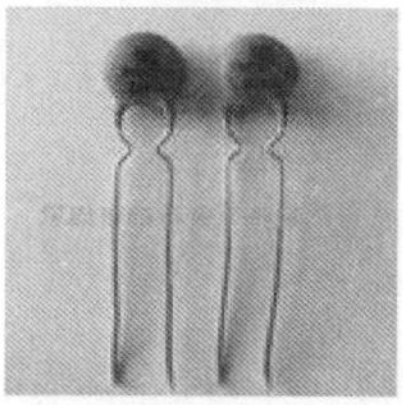	对热度极为敏感的半导体元件，具有灵敏度高，精度高特点。其作用分为正温度系数（ptc）和负温度系数（ntc），常作为温度传感器
压敏电阻（VSR）		一种对电压敏感的非线性过电压保护半导体元件。常用于对交流电路的稳压、调幅、变频、非线性补偿等
光敏电阻		对光敏感的元件，按材料的不同可分为多种类型，主要参数有亮电阻、暗电阻、最高电压、亮点流、暗电流、时间常数等，广泛用于自动控制电路、家用电器及各种测量仪器中
绕线电阻	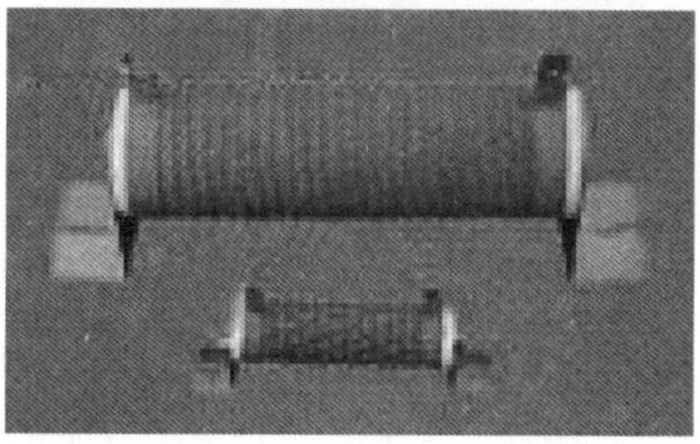	绕线电阻的特点是精度高，噪声小，功率大，一般可承受3～100W的额定功率。它的最大特点是耐高温，可以在150℃的高温下正常工作
可变电阻器	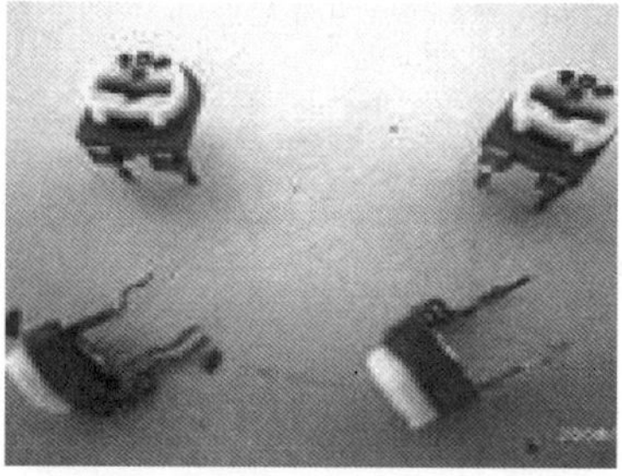	分为半可调电阻器和电位器两类。半可调电阻器指电阻值虽然可以调节，但在使用时经常固定在某一阻值上的电阻。电位器是通过旋转轴来调节阻值的可变电阻器

三、电感

电感器是一种利用自感作用进行能量传输的元件，简称为电感。电感的特性恰恰与电容的特性相反，它具有阻止交流电通过而让直流电通过的特性。电感用符号 L 表示，它的基本单位是亨利（H），常用毫亨（mH）为单位。

1. 分类

（1）按电感形式分类　分为固定电感和可变电感。

（2）按导磁体性质分类　分为空心线圈、铁氧体线圈、铁心线圈和铜心线圈电感。

（3）按工作性质分类　分为天线线圈、振荡线圈、扼流线圈、陷波线圈和偏转线圈电感。

（4）按绕线结构分类　分为单层线圈、多层线圈和蜂房式线圈电感。

2. 主要参数

主要参数有电感量、品质因数及额定电流。

3. 应用

主要用于滤波、振荡、延迟、陷波等，阻止交流通过直流、阻止高频通过低频（滤波）的场合。

4. 常用的电感

常用电感主要分插件电感（CIP）与贴片电感（SMT）两大类，插件电感主要有：色环电感，扼流线圈，工字形功率电感等。贴片电感主要有：塑封电感，功率电感，屏蔽电感等。

表 3-3 列有常见电感的比较，对照学习后加以总结。

表 3-3　常见电感的比较

名称	实　物　图	特　　点
片式电感		电感量:10nH~1mH 种类:铁氧体、绕线转子、陶瓷叠层片式电感 精度:J=±5%,K=±10%,M=±20%
功率电感		电感量:1nH~20mH 种类:带屏蔽、不带屏蔽功率电感
片状磁珠电感		种类: CBG(普通型) 阻抗:5Ω~3kΩ CBH(大电流) 阻抗:30Ω~120Ω CBY(尖峰型) 阻抗:5Ω~2kΩ

（续）

名称	实　物　图	特　　点
立式电感		电感量：0.1μH～3mH 规格：PK0455/PK0608/PK0810/PK0912
轴向滤波电感		电感量：0.1μH～10mH 额定电流：65mA～10A
磁环电感		规格：TC3026/TC3726/TC4426/TC5026 尺寸：3.25～15.88mm
色环电感		电感量：0.1μH～22mH 豆形电感：0.1μH～22mH 精度：J=±5%，K=±10%，M=±20%

四、二极管

二极管种类有很多，按照所用的半导体材料，可分为锗二极管（Ge 管）和硅二极管（Si 管）。根据其不同用途，可分为检波二极管、整流二极管、稳压二极管、开关二极管等。按照管芯结构，又可分为点接触型二极管、面接触型二极管及平面型二极管。点接触型二极管适用于高频小电流电路，如收音机的检波等。面接触型二极管主要用于把交流电变换成直流电的整流电路中。平面型二极管多用于开关、脉冲及高频电路中。

1. 二极管的主要参数

1）额定正向工作电流

2）最高反向工作电压

3）反向电流

2. 二极管的特性

正向导电性：

当正向电压达到某一数值（锗管约为0.2V，硅管约为0.6V）以后，二极管才能真正导通。导通后二极管两端的电压基本上保持不变（锗管约为 0.3V，硅管约为 0.7V），称为二极管的正向压降。

3. 二极管的应用

（1）整流

（2）开关

（3）限幅

（4）继流　在开关电源的电感中和继电器等感性负载中起继流作用。

（5）检波　在收音机中起检波作用。

（6）变容二极管　用于电视机的高频头中。

（7）显示元件　用于 VCD、DVD、计算器等显示器上。

表 3-4 列有常见二极管的比较，对照学习后加以总结。

表 3-4　常见二极管的比较

名称	实　物　图
塑封整流二极管	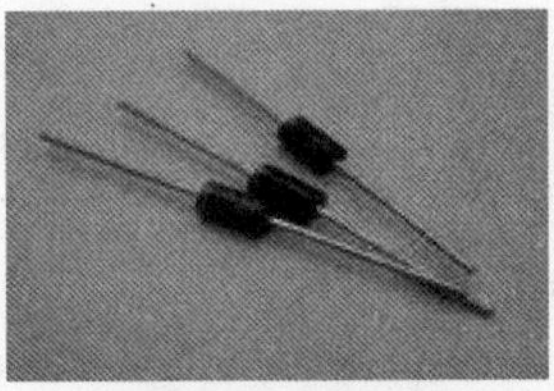
快恢复塑封整流二极管	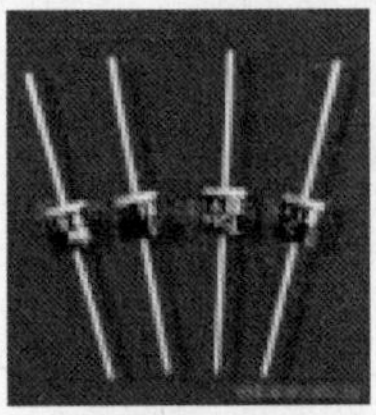
肖特基整流二极管	
LED	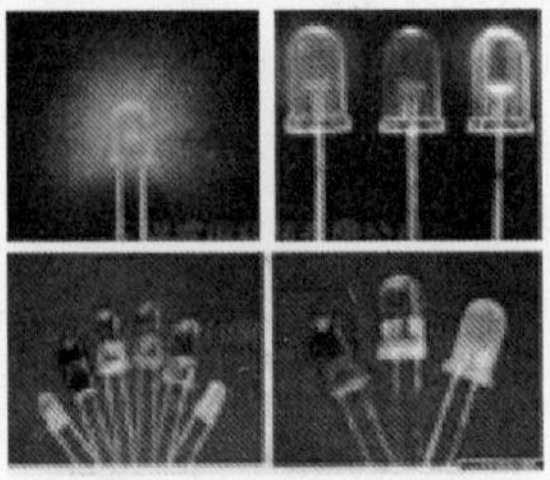

五、晶体管

晶体管全称为半导体晶体管，也称为双极型晶体管。晶体管是一种电流控制电流的半导体器件，其作用是把微弱信号放大成幅值较大的电信号，在数字电路中常用作电子开关。

1. 晶体管的分类

（1）按材质分　硅管和锗管。

（2）按结构分　NPN 和 PNP。

（3）按功能分　开关管、功率管、达林顿管和光敏管等。

（4）按功率分　小功率管、中功率管和大功率管。

（5）按工作频率分　低频管、高频管和超频管。

（6）按结构工艺分　合金管和平面管。

（7）按安装方式　插件晶体管（图 3-12）和贴片晶体管。

2. 晶体管的主要参数

（1）特征频率 f_T　当 $f=f_T$ 时，晶体管完全失去电流放大功能。如果工作频率大于 f_T，电路将不能正常工作。

图 3-12　插件晶体管

（2）工作电压/电流　用这个参数可以指定该管的电压/电流使用范围。

（3）hFE　电流放大倍数。

（4）VCEO　集电极-发射极反向击穿电压，表示临界饱和时的饱和电压。

（5）PCM　最大允许耗散功率。

（6）封装形式　指定该管的外观形状，如果其他参数都正确，封装不同将导致组件无法在电路板上实现功能。

六、场效应晶体管

场效应晶体管（FET）简称场效应管它由多数载流子参与导电，也称为单极型晶体管。它属于电压控制型半导体器件，如图 3-13 所示。

1. 场效应晶体管的主要参数

（1）直流参数

1）饱和漏极电流 I_{DSS} 定义为：当栅极、源极之间的电压等于零，而漏极、源极之间的电压大于夹断电压时，对应的漏极电流。

2）夹断电压 U_P 定义为：当 U_{DS} 一定时，使 I_D 减小到一个微小的电流时所需的 U_{GS}。

3）开启电压 U_T 定义为：当 U_{DS} 一定时，使 I_D 达到某一数值时所需的 U_{GS}。

图 3-13　场效应晶体管

（2）交流参数

1）低频跨导（Gm）是描述栅、源电压对漏极电流的控制作用。

2）极间电容：场效应晶体管三个电极之间的电容，它的值越小表示管子的性能越好。

2. 场效应晶体管的主要作用

1）场效应晶体管可应用于放大电路。由于场效应晶体管放大器的输入阻抗很高，因此耦合电容可以容量较小，不必使用电解电容。

2）场效应晶体管很高的输入阻抗非常适合作为阻抗变换，常用于多级放大器的输入级作为阻抗变换。

3）场效应晶体管可用作可变电阻。

4）场效应晶体管可以方便地用作恒流源。

5）场效应晶体管可以用作电子开关。

3. 场效应晶体管的分类

（1）绝缘栅场效应晶体管（MOS 管）

（2）结型场效应晶体管（JFET）

4. 场效应晶体管的电气特性

场效应晶体管与晶体管在电气特性方面的主要区别有以下几点：

1）场效应晶体管是电压控制器件，管子的导电情况取决于栅极电压的高低。晶体管是电流控制器件，管子的导电情况取决于基极电流的大小。

2）场效应晶体管漏源静态伏安特性以栅极电压 U_{GS} 为参变量，晶体管输出特性曲线以基极电流 I_b 为参变量。

3）场效应晶体管电流 I_{DS} 与栅极电压 U_{GS} 之间的关系由跨导（G_m）决定，晶体管电流 I_c 与 I_b 之间的关系由放大系数 β 决定。也就是说，场效应晶体管的放大能力用 G_m 衡量，晶体管的放大能力用 β 衡量。

4）场效应晶体管的输入阻抗很大，输入电流极小；晶体管的输入阻抗很小，在导电时输入电流较大。

5）场效应晶体管功率一般较小，晶体管功率较大。图 3-14 所示为贴片场效应晶体管。

图 3-14 贴片场效应晶体管

检查与评价

课堂学习完成后，根据实践计划到实习场所完成教学实践，填写本次学习任务评价表（见附录 H）。

总结提高

电子元器件包括电子元件和电子器件两部分，通过学习，认识常见的电阻、电容、电感、二极管、LED 等电子元器件，掌握其用途、表示方法和基本参数。

单元四
单相照明电路的安装

学习目标

在日常生活中，我们常用一只开关来控制一盏灯。这种电路每次开关电灯时，都要到开关的位置来操作，给我们的生活带来了一定的麻烦。所以有时为了方便，需要在两地控制一盏灯：例如楼梯上使用的照明灯，要求在楼上、楼下都能控制其亮灭；卧室里的灯要求在房门口和床头都能控制其亮灭等。本单元将完成白炽灯两地控制电路的安装。

课题一　电路的基本知识

课堂任务

1. 了解电流形成、大小和方向。
2. 掌握各元器件符号。
3. 理解电路组成和工作状态。

实践提示

1. 熟悉相关实验台，说出实验台面板的组成部分和各种电路元器件名称。
2. 学会将直流电源与电压表、电流表正确连线。

知识学习

将干电池连接小灯泡，小灯泡会发光，小灯泡的亮度和通过它的电流大小有关。通过的电流较大，小灯泡就较亮；通过它的电流变小，小灯泡就变暗。那么，什么是电流？电流的大小是如何定义的？它们的方向又是如何规定的？

一、电流的形成、大小和方向

1. 电流的形成

电荷有规则的定向移动形成电流。在金属导体中，电流是自由电子在外电场作用下有规则运动形成的；在某些液体、气体中，电流由阴离子或阳离子在电场力作用下有规则的运动形成。

2. 电流的方向

习惯上规定正电荷的移动方向为电流的方向，与电子流动的方向正好相反。因此，在金属导体中，电流的方向与电子定向移动的方向相反。

在分析与计算电路时，有时事先无法确定电路中电流的真实方向。为了计算方便，常常先假设一个电流方向，称为电流参考方向，用箭头在电路图中标明。如果计算结果的电流为正值，那么电流的真实方向与参考方向一致；如果计算结果的电流为负值，那么电流的真实方向与参考方向相反。若不规定电流的参考方向，则电流的正负号是无意义的。例如图 4-1 所示：若 $I=5\text{A}$，则电流从 a 流向 b；若 $I=-5\text{A}$，则电流从 b 流向 a。

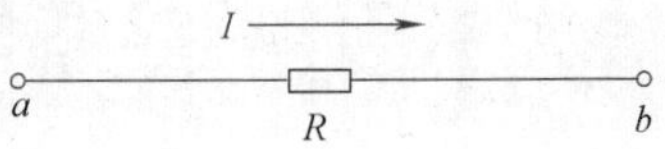

3. 电流大小的定义

电流的大小等于通过导体横截面的电荷量与通过这些电荷量所用时间的比值，用 I 表示。其定义式为

I　R　a　b

图 4-1　电流的方向

$$I=Q/t$$

式中　I——电流，单位是 A（安培）；

　　Q——通过导体横截面的电荷量，单位是 C（库伦）；

　　t——通过电荷量所用的时间，单位是 s（秒）。

在国际单位制中，电流的单位是 A，单位名称为安培，简称安。如果在 1s 内通过导体横截面的电荷量为 1C，导体中的电流就是 1A。电流的常用单位还有 mA（毫安）和 μA（微安），它们之间的关系为

$$1\text{A}=10^3\text{mA}=10^6\mu\text{A}$$

4. 电流的类型

电流既有大小又有方向，凡大小和方向不随时间做周期性变化的电流、电压和电动势统称直流电，简写为 DC，图形用“-”图形表示。同时，把电流的大小随时间变化，但方向不随时间变化的电流称为脉动直流电流。如果电流的大小和方向都随时间做周期性变化，则称为交流电，用字母 AC 表示，图形符号用“~”表示，如图 4-2 所示。

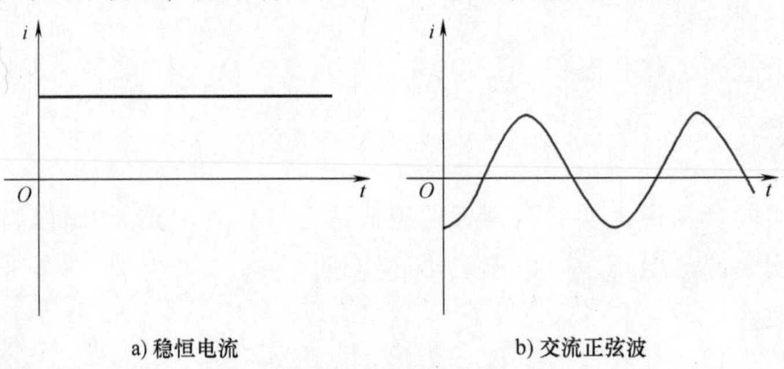

a) 稳恒电流　　b) 交流正弦波

图 4-2　电流的类型

二、电路模型与电路图

1. 电路模型

电路常由电磁特性复杂的元器件组成，为了便于用数学方法对电路进行分析，可将电路实体中的电气设备和元器件用一个能够表征它们主要电磁特性的理想元器件来代替，而对它的实际结构、材料、形状，以及其他非电磁性不予考虑，这样所得的结果与实际情况相差不大，在工程上是允许的。由理想元件构成的电路称为实际电路的电路模型。

2. 电路图

用国家标准规定的电气图形符号、文字符号来表示电路连接的图称为电路原理图，简称电路图。常用元器件图形符号见表 4-1。

表 4-1　常用元器件图形符号

名称	图形符号	名称	图形符号	名称	图形符号
电阻		灯	⊗	开关	
电位器		电池		二极管	
电容		电感		电流表	Ⓐ
熔断器		接地		电压表	Ⓥ

三、电路的工作状态

电路通常有三种工作状态，如图 4-3 所示。

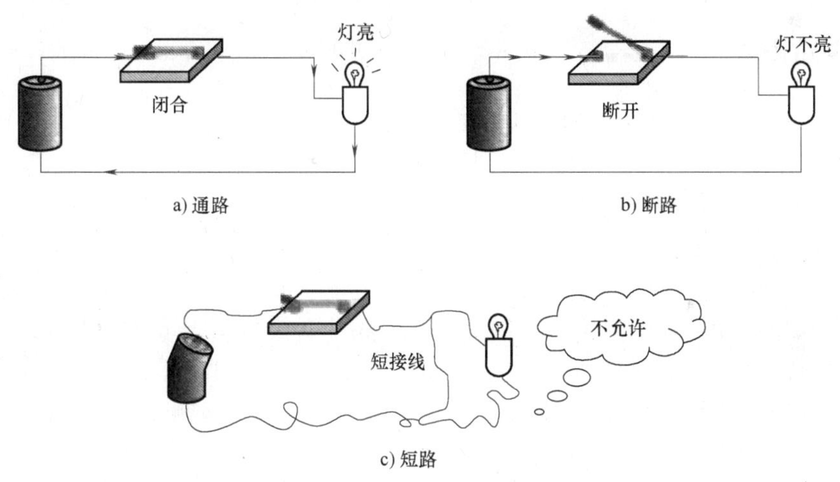

a) 通路　b) 断路　c) 短路

图 4-3　电路的三种工作状态

1. 通路

通路是指正常工作状态下的闭合电路。此时开关闭合，电路有电流通过，负载能正常工作。

2. 断路

断路也称为开路，是指电源与负载之间未形成闭合电路，即电路中有一处或多处是断开的。此时电路中没有电流通过，负载不工作。

3. 短路

短路是指电源不经负载直接被导线相连。此时，电源提供的电流比正常通路时的电流大许多倍，严重时，会烧毁电源和短路内的电气设备。

任务准备及实施

电工实验台主要由交直流电源、交直流仪表、信号源及各种方便的接插件组成。图 4-4 和图 4-5 所示分别是一种提供交流电源和直流电源的试验台。

根据自己学校的实验设备情况，查阅有关资料，思索实践内容，填写本次实践计划表（见附录 A）。

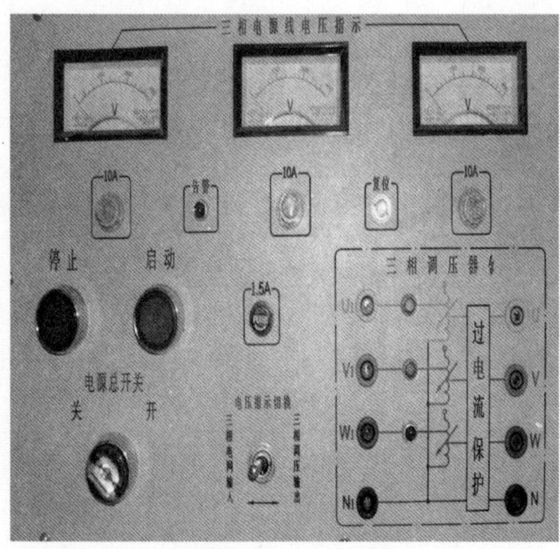

图 4-4　交流电源

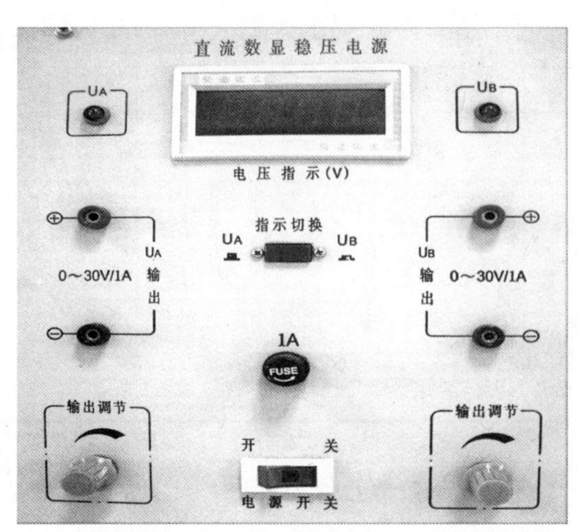

图 4-5　直流电源

一、应知内容

1. 电流的大小如何定义？方向如何判定？
2. 电路的三种工作状态是什么？
3. 各种元器件符号能写出来吗？

二、实践内容

1）将直流电压源与直流电压表正确连接，如图 4-6 所示。双路直流电源，相互独立，互不干扰，电源不允许短路。

2）将直流电流源与直流电流表正确连接，如图 4-7 和图 4-8 所示。电流源的输出端不允许开路，要么接负载，要么短路，短路时，调节旋钮显示器不发生变化。

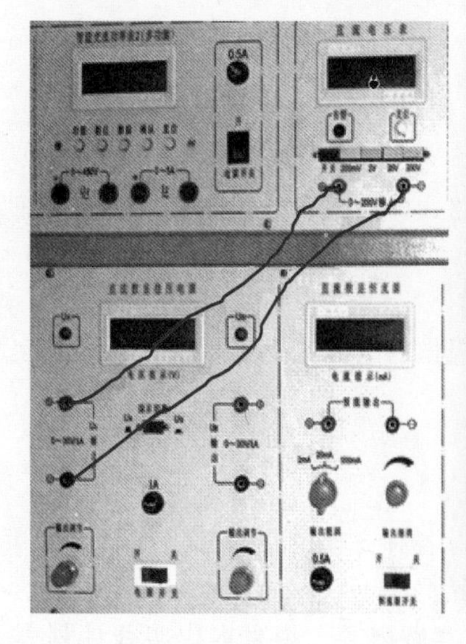
图 4-6　直流电压源与直流电压表

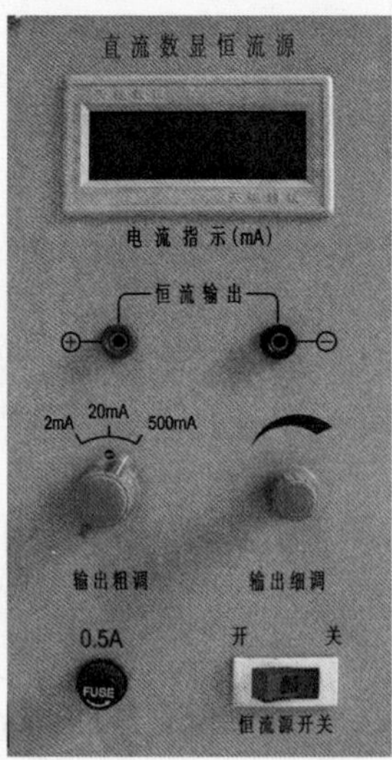

图 4-7　直流电流源

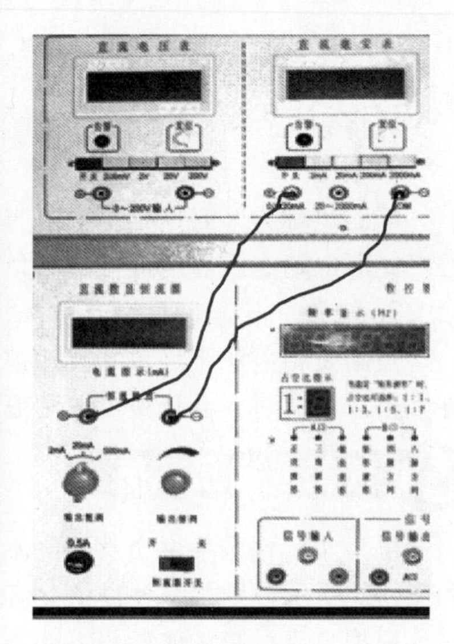
图 4-8　直流电流源与直流电流表

在用电表测量的过程中，要正确选择量程，尤其是先测量小电流、后测量大电流，注意如下几点：

① 调节直流电流源“输出细调”旋钮使仪表指示为零。

② 调节直流电流表量程的档位至更高档。

③ 检查表笔所接的插座是否正确。

④ 调节直流电流源的“输出粗调”换档旋钮至更大档，不超过直流电流表量程。

⑤ 调节直流电流源的“输出细调”旋钮，正确读出测量的电流值。

检查与评价

课堂学习完成后，根据实践计划到实习场所完成教学实践，填写本次学习任务评价表（见附录I）。

课题二　两地控制照明电路安装、测试

课堂任务

1. 掌握单相照明电路两地控制的原理。
2. 了解双联开关的结构、原理。
3. 学会正确安装两地控制照明电路的方法。
4. 进一步熟练掌握用万用表检查线路和排除故障。

实践提示

本课题要求实现白炽灯两地控制电路的安装。要完成此任务，首先正确绘制白炽灯两地控制电路图，如图4-9所示，做到按图施工、按图安装、按图接线，并要熟悉控制电路的主要元器件（表4-2），了解其组成、作用。

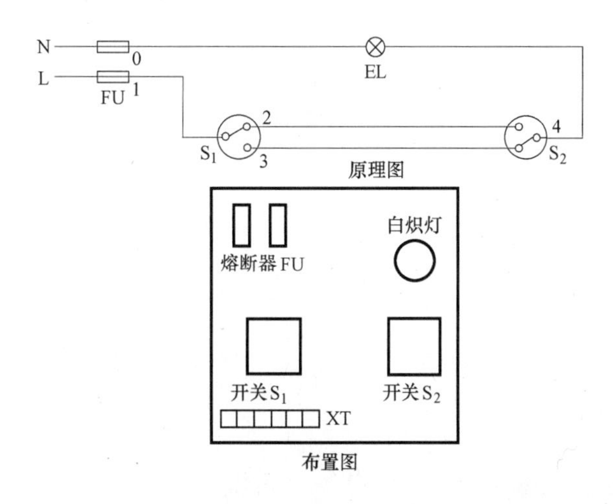

图4-9　白炽灯两地控制电路图

表 4-2 控制电路主要元器件

元器件名称	外形图	作用	注意事项
单联双控开关		用来接通或断开控制电路。无论单联双控开关处于何种状态，总有一对触点是接通的，另一对触点是断开的	作为单联双控开关使用时，电源进线或负荷出线需接在中间一个接线座上，另两个接出线或进线。作为单控开关使用时，只能接中间和旁边一个接线座，不能接两边两个接线座
熔断器		在电路中起短路保护作用	根据控制电路负荷的大小选择合适的熔断器

一、单联双控开关的结构

“联”指的是同一个开关面板上有几个开关按钮。所以“单联”即“一个按钮”；“双联”即“两个按钮”；“三联”即“三个按钮”；“控”指的是其中开关按钮的控制方式，一般分为：“单控”和“双控”两种。“单控”指它只有一对触点（动合触点或动断触点）；“双控”指它有两对触点（一对动合触点和一对动断触点），如图 4-10 所示。

图 4-10 单联双控开关实物图

二、白炽灯两地控制线路的其他电路图

如图 4-11 所示，此三种接线图的缺点是：当灯处于熄灭状态时，灯头上有可能始终都处于带电状态，给维修带来了安全隐患。

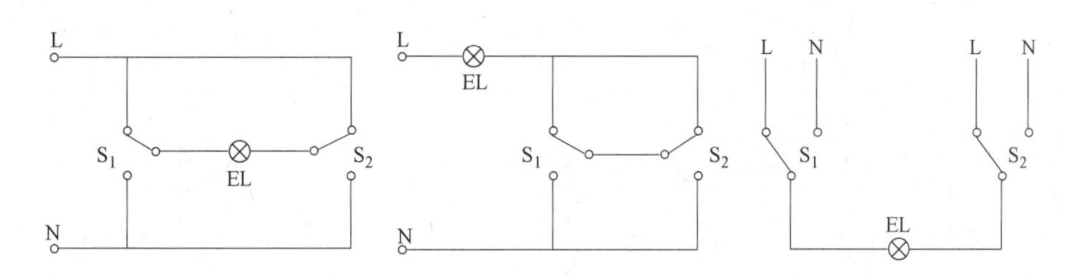

图 4-11 其他线路接法

三、两地控制照明电路的常见故障及检修方法（表 4-3）

表 4-3 两地控制照明电路的常见故障及检修方法

故障现象	产生原因	检修方法
按下任一开关，白炽灯都不亮	白炽灯钨丝烧断	调换新白炽灯
	电源熔断器的熔丝烧断	检查熔丝烧断的原因并更换同规格熔丝
	灯座或开关接线松动或接触不良	检查灯座和开关的接线处并修复
	线路中有断路故障	用验电笔检查线路的断路处并修复
	接线错误	用万用表检查线路的通断情况
	灯座或开关接线松动	检查灯座和开关并修复
白炽灯忽亮忽灭	灯丝烧断，但受振动后忽接忽离	更换白炽灯
	灯座或开关接线松动	检查灯座和开关并修复
	熔断器熔丝接触不良	检查熔断器并修复
	电源电压不稳	检查电源电压不稳定的原因并修复
按下任一开关，白炽灯有时亮有时不亮	灯座或开关接线松动或接触不良	检查灯座和开关的接线处并修复
	两开关之间的两根线有一根断线	用万用表检查线路的通断情况，并更换
	相线或到白炽灯的进线有一处未接开关中间接线座	检查两开关的接线情况并修复
白炽灯长亮	接线错误	检查两开关的接线情况并修复

任务准备及实施

根据自己学校的实验设备情况，查阅有关资料，思索实践内容，填写本次实践计划表，实践计划表（见附录 A）。

一、元器件的选择

根据控制线路的要求，选择 60W 白炽灯进行两地控制线路的安装，采用平装式螺口灯

头及圆木的安装形式，据此选择合适容量和规格的元器件（表4-4）。

表4-4 元器件的型号和规格

序号	元器件名称	型号、规格	数量(长度)	备注
1	白炽灯	220V、60W	1只	
2	单联双控开关	4A、250V	2个	
3	平装螺口灯座	4A、250V、E27	1个	
4	圆木		1个	
5	PVC开关接线盒	44mm×39mm×35mm	1个	
6	熔断器	RL1-15	2个	配熔体2A
7	塑料导线	BV-1mm^2	5(m)	
8	接线端子排	JX3-1012		
9	接线板	700mm×550mm×30mm	1个	

二、元器件的安装及布线（表4-5）

表4-5 元器件的安装及布线

实训图片	操作方法	注意事项
	1)安装熔断器：将熔断器安装在控制板的左上方，两个熔断器之间要间隔5~10cm的距离	1)熔断器下接线座要安装在上面、上接线座安装在下面 2)根据安装板的尺寸和安装元器件的数量，要距离上方、左面的元器件10~20cm
	2)安装开关接线盒：根据布置图用木螺钉将两个开关接线盒固定在安装板上	两个开关接线盒侧面的圆孔（穿线孔）一个开上侧、右侧的孔，另一个开左侧、上侧的孔
	3)安装端子排：将接线端子排用木螺钉安装固定在接线板下方	1)根据安装任务选取合适的端子排 2)端子排要牢固固定，无缺件，绝缘良好

(续)

实训图片	操作方法	注意事项
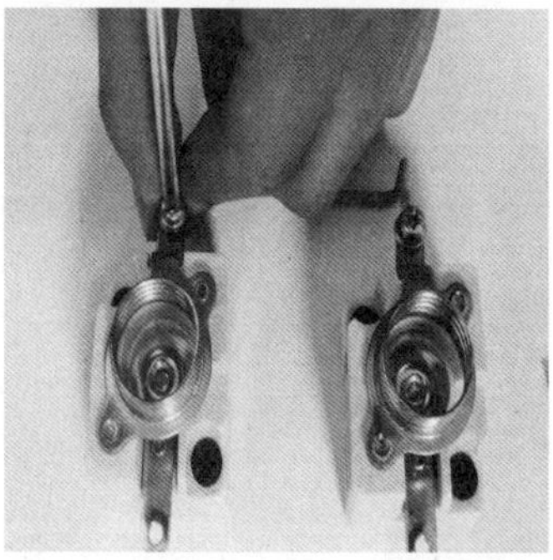	4)安装熔断器至开关 S_1 的导线:将两根导线顶端剥去2cm绝缘层→弯圈→将导线弯成直角Z形→接入熔断器两个接线座上	1)剥削导线时不能损伤导线线芯和绝缘,导线连接时不能反圈 2)导线弯直角时要做到美观,导线走线时要紧贴接线板,要横平竖直、不交叉、平行走线
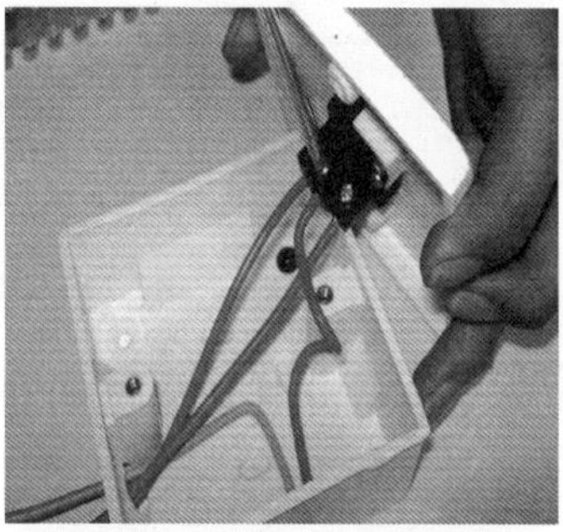	5)开关 S_1 面板接线:将来自熔断器的相线接在中间接线座上,再用两根导线接在另两个接线座上	1)中间接线座必须接电源进线,另两个接出线,线头需弯折压接 2)开关必须控制相线 3)零线不剪断直接从开关盒引到熔断器
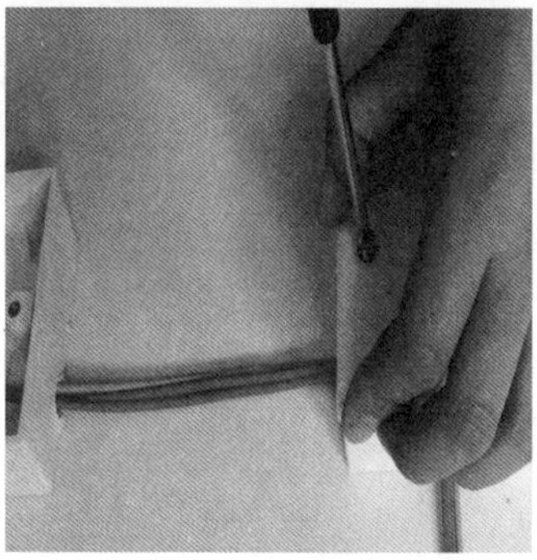	6)固定开关 S_1 面板:将接好线的开关 S_1 面板安装固定在开关接线盒上	1)固定开关面板前,应先将三根出线穿出接线盒右边的孔 2)固定开关面板时,其内部的接线头不能松动,同时捋直两根电源进线
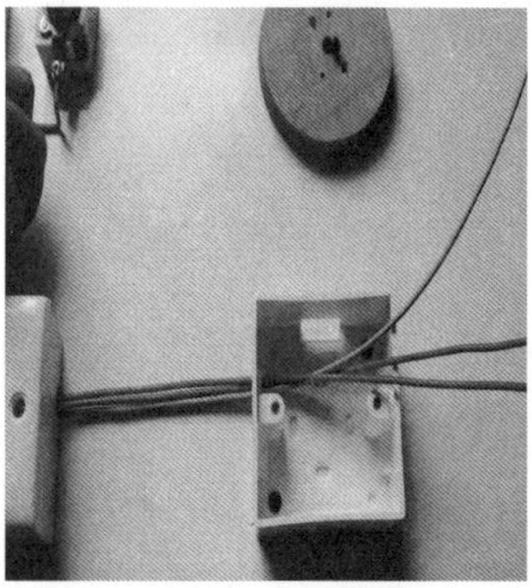	7)安装两开关盒之间的导线:将来自于开关 S_1 的两根相线和一根零线引至开关 S_2 的接线盒中	1)走线要美观、要节约导线 2)两开关盒之间有三根导线 3)零线不剪断直接从开关 S_2 接线盒引到开关 S_1 接线盒中

（续）

实训图片	操作方法	注意事项
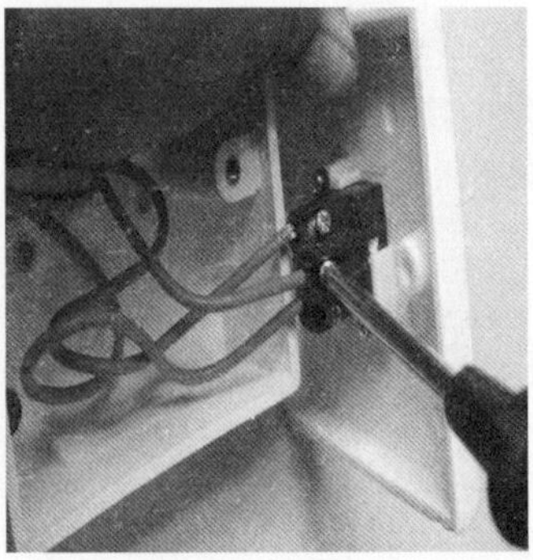	8）开关 S_2 面板接线 将来自于开关 S_1 接线盒的两根相线接在左右两边两个接线座上，再用一根导线接在中间一个接线座上	1）左右两边两个接线座必须接电源进线，中间一个接出线，线头需弯折压接 2）开关必须控制相线 3）零线不剪断直接从开关盒引到熔断器

三、电路检查（表4-6）

表4-6 电路检查

实训图片	操作方法	注意事项
	1）目测检查：根据电路图或接线图从电源开始看线路有无漏接、错接	1）检查时要断开电源 2）要检查导线接点是否符合要求、压接是否牢固 3）要注意接点接触是否良好
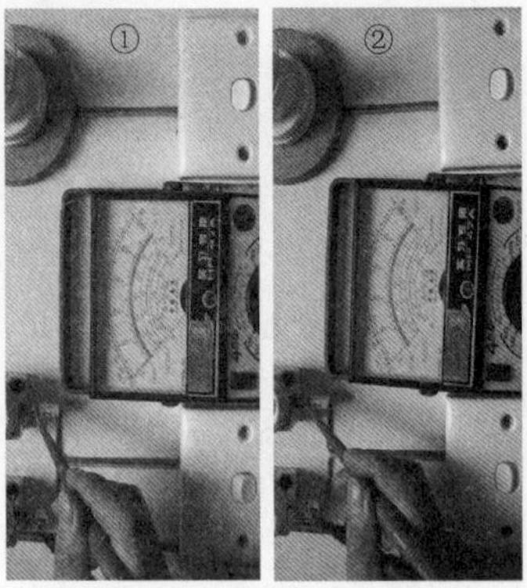 ① ②	2）万用表检查：用万用表电阻档检查电路有无开路、短路情况。装上灯泡，万用表两表笔搭接熔断器两出线端，按下任一开关指针应指向“0”；再按一下开关指针应指向“∞”	1）要用合适的电阻档位进行检查，并进行“调零” 2）检查时可用手按下开关

四、通电试灯（表4-7）

表4-7　通电试灯

实训图片	操作方法	注意事项
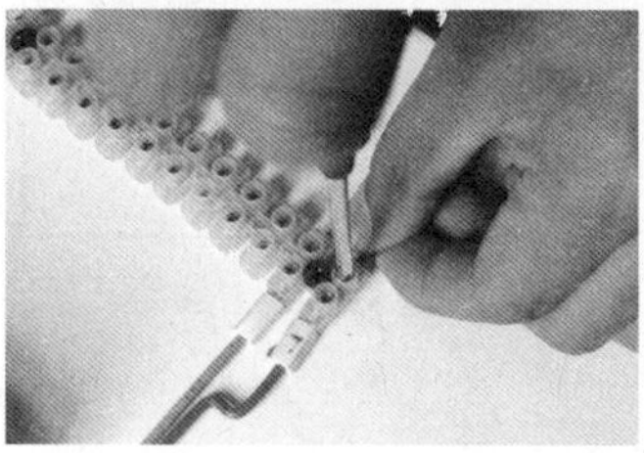	1)接通电源:将单相电源接入接线端子排对应下接线座	1)由指导老师监护学生接通单相电源 2)学生通电试验时,指导老师必须在现场进行监护
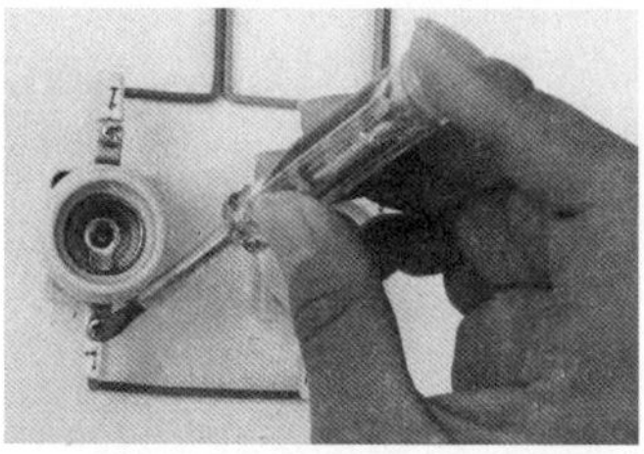	2)验电:用380V验电笔在熔断器进线端进行验电,以区分相线和零线	1)验电前,确认学生是否已穿绝缘鞋 2)验电时,检查学生操作是否规范 3)如相线未进开关,应对调电源进线
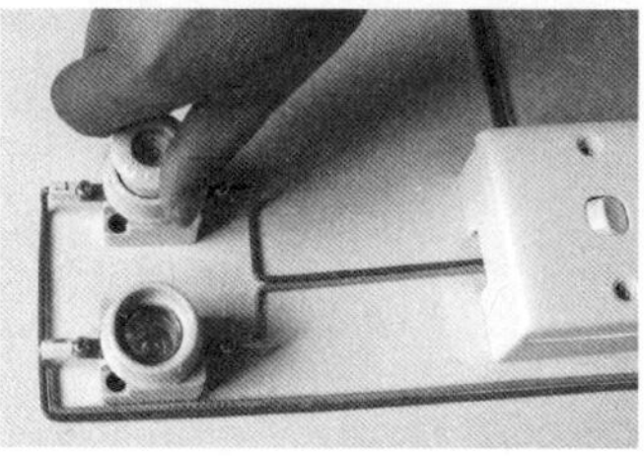	3)安装熔体:选择合适的好的熔体放入熔断器瓷套内,然后旋上瓷帽	1)先旋上瓷套 2)熔体的熔断指示——小红点应在上面
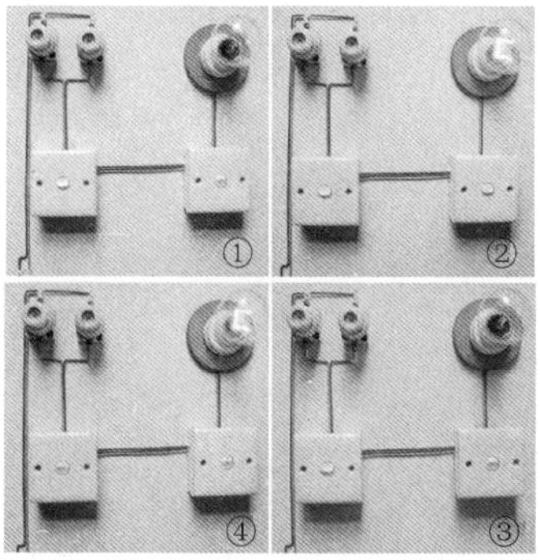	4)按下开关试灯:装上灯泡,按下开关S_1灯亮,再按一下,灯灭;按下开关S_2灯亮,再按一下,灯灭	按下开关后如出现故障,应在指导老师的监督下进行检查,找出故障原因、排除故障后,方能通电

提醒注意

对本任务而言，其元器件的布置还有其他形式，如图4-12所示。在实际工作中，要根据实际情况考虑线路的走向，做到既安装简便，又节约材料。

元器件安装固定前，应先根据布置图，将各元器件在接线板上进行安排布置、摆放整齐，并进行划线、钻孔，然后逐个安装固定。元器件固定的方法有：对角固定、四角固定、螺钉固定、螺栓固定等。固定时要用手压住元器件，防止其跑位。

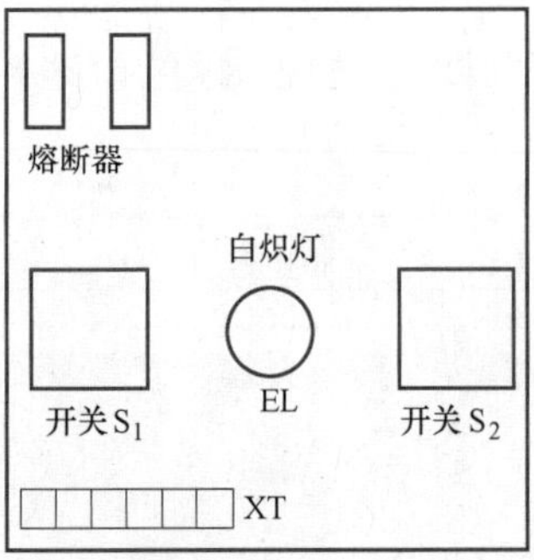

图 4-12　元器件布置图

检查与评价

课堂学习完成后，根据实践计划到实习场所完成教学实践，填写本次学习任务评价表（见附录 J）及综合能力评价表（见附录 K）。

总结提高

1. 按下单联双控开关，请问两边两个接线座是否接通？
2. 如何用开关实现三地控制一盏灯？需要什么形式的开关？

单元五
电工仪表与测量技术常识

学习目标

电工仪表广泛应用于机床的检测与维修中，机床的正常运行是加工精密零件的前提。因此，在机械加工过程中，合理正确地使用电工仪表检测相关数据，是保证产品质量的必要手段。

通过本单元的学习，学生可了解常用电工仪表及其使用常识，能根据实际需要选用正确的电工仪表，并能进行相应电工测量；熟悉电量的测量技术，并能实际测量各主要电量。

课题一　电工仪表基本知识

课堂任务

1. 了解电工仪表的分类、型号和主要技术要求。
2. 掌握电工仪表的测量方法。

实践提示

观察电工、电控、电子等实训室，记录看到的电工仪表，写出其名称、型号、仪表类型和测量对象。

根据自己学校的实验设备情况，查阅有关资料，思索实践内容，填写本次实践计划表(见附录A)。

知识学习

在电能的生产、传输、分配和使用等各个环节中，人们需要获取其相关物理量的数值，即测量。用来测量各种电量、磁量及电路参数的仪器仪表统称为电工仪表。电工仪表可以对电力系统的运行状态进行监测，从而保证系统安全经济的运行，所以人们常把电工仪表称作电力工业的眼睛。

一、常用电工仪表的分类

电工仪表种类繁多，一般可分为（按结构和用途分）指示仪表、比较仪表和数字仪表。

1. 指示仪表

指示仪表能将被测电量转换为仪表可动部分的机械偏转角，并通过指示器直接显示出被测电量的大小，又称为直读式仪表，如图 5-1 所示的指针式万用表。

指示仪表按工作原理可分为：电磁系仪表、磁电系仪表、电动系仪表、感应系仪表等；按被测电量可分为：电流表、电压表、功率表、电能表、相位表等；按照使用方法可分为：安装式、便携式指示仪表；按准确度等级可分为：0.1、0.2、0.5、1.0、1.5、2.5、5.0 共 7 个等级；按使用条件可分为：A、B、C 三组类型，A 组仪表适用于环境温度为 0~40℃，B 类仪表适用于-20~50℃，C 组仪表适用于-40~60℃，相对湿度条件均为 85%范围内；按被测电流种类可分为：直流仪表、交流仪表以及交直流两用仪表。

2. 比较仪表

比较仪表是在测量过程中，通过被测电量与同类标准量进行比较，根据结果确定被测电量的大小，可分为直流比较仪表和交流比较仪表。电桥是比较仪表中常用的，如图 5-2 所示的直流惠斯顿电桥、图 5-3 所示的开尔文电桥和图 5-4 所示的交流电桥。

图 5-1　指针式万用表

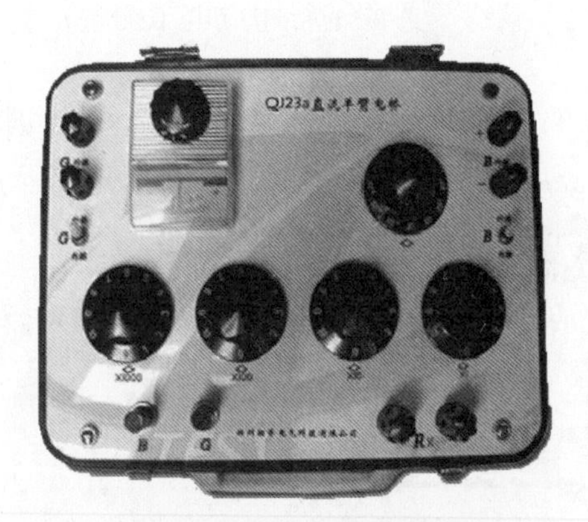

图 5-2　直流惠斯顿电桥

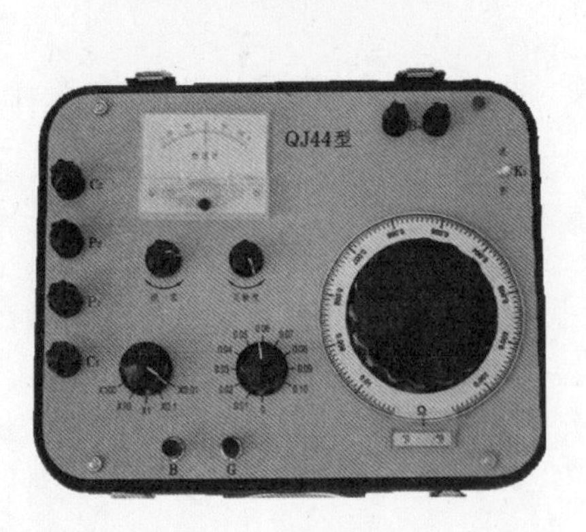

图 5-3　开尔文电桥

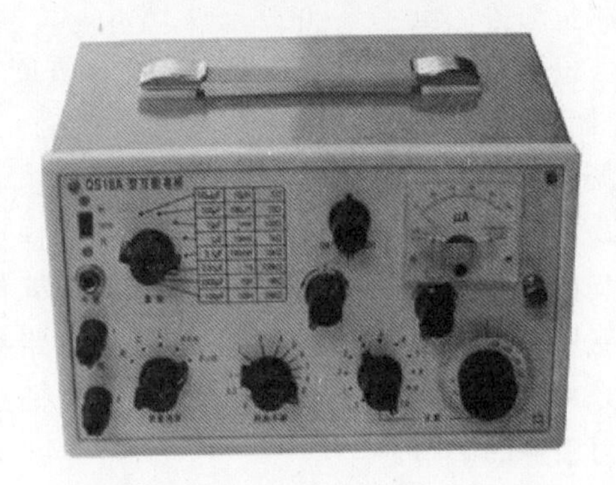

图 5-4　交流电桥

3. 数字仪表

数字仪表采用数字测量技术，以数字的形式直接显示被测电量的大小，如图 5-5 所示的数字电压表、图 5-6 所示的数字频率计和图 5-7 所示的数字万用表等。

图 5-5　数字电压表

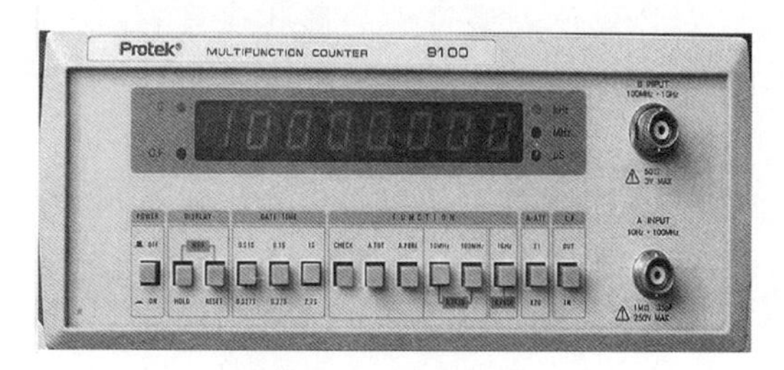

图 5-6　数字频率计

图 5-7　数字万用表

二、电工仪表的型号

电工仪表的型号反映仪表的用途及原理。我国对安装式仪表和便携式仪表分别做了不同的型号编制规定。

1. 安装式仪表的型号编制规则

安装式仪表指固定安装在开关板或电气设备面板上的仪表，它的准确度一般不高，广泛应用于发电或配电的运行监视及测量过程中。图 5-8 所示为配电柜安装式仪表。

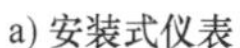
a) 安装式仪表　　b) 配电柜外观

图 5-8　配电柜安装式仪表

安装式仪表型号的组成及含义如图 5-9 所示。其中，形状第一位代号按仪表面板形状的最大尺寸编制；形状第二位代号按仪表的外壳尺寸编制；系列代号按仪表工作原理的系列编制，如磁电系的代号为 C，电磁系的代号为 T，电动系的代号为 D，感应系的代号为 G，整流系的代号为 L，电子系的代号为 Z 等；设计序号由产品设计的先后顺序编制；用途号表示该仪表的用途。例：44C2—A 表示便携式磁电系直流电流表。

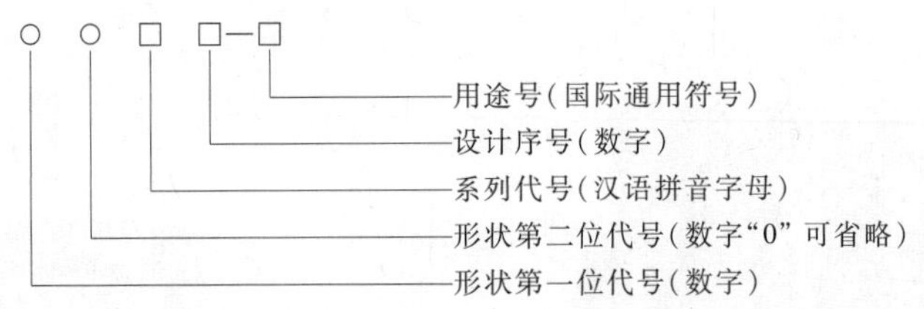

图 5-9 安装式仪表型号的组成及含义

2. 便携式仪表的型号编制规则

便携式仪表是可以携带的仪表，其准确度较高，广泛应用于电气试验、精密测量及仪表检定中。便携式仪表不存在安装问题，所以安装式仪表型号中的形状代号省略，即是它的产品型号。如 T62-V 型电压表，“T”表示电磁系仪表，“62”是设计序号，“V”表示电压表。

此外一些其他类型的仪表，型号中还采用在系列代号前加一个汉语拼音字母表示类别号，电桥用“Q”，数字用“P”，电能表用“D”等。例如，DD28 型电能表，其中“DD”表示单相电能表，“28”表示设计序号。

三、常用电工测量方法

所谓电工测量指将被测电量、磁量或电参数与同类标准量进行比较，从而确定出被测量数值的过程。

度量器是测量单位的复制体。例如，标准电池、标准电阻、标准电感就分别是电动势、电阻、电感的复制体。根据度量器是否参与到测量中，以及获取测量结果的方式不同，电工测量方法可分为以下几种：

1. 直接测量法

通过仪表的指针直接指示出被测量数值，而无须度量器直接参与的测量方法称为直接测量法。例如：电流表测电流、电压表测电压等。其优点是方法简便，读数迅速；缺点是由于仪表接入被测电路后，会使电路的工作状态发生变化，因而这种测量方法准确度较低。

2. 间接测量法

测量时先测出与被测量有关的电量，然后通过电工公式计算求得被测量数值的方法，称为间接测量法。例如：用伏安法测量电阻，用电压表测量晶体管集电极。这种方法的优点是适用于一些用直接测量法不方便、准确度要求不高的特殊场合。缺点是测量误差较大。

3. 比较测量法

在测量过程中需要度量器的直接参与，并通过比较仪表来确定被测量数值的方法称为比较测量法。例如，用直流惠斯顿电桥测电阻。

根据被测量与标准量比较方式的不同，比较测量法又分为以下三种：

（1）零值法　在测量过程中，通过改变标准量使其与被测量相等（即两者差值为零），从而确定被测量数值的方法称为零值法。例如，用平衡电桥测电阻。

（2）差值法　利用被测量与标准量的差值作用于测量仪表，从而确定出被测量数值的方法称为差值法。例如，用不平衡电桥测电阻。

（3）代替法　在测量过程中，用已知标准量代替被测量，若维持仪表原来的读数不变，则被测量等于已知标准量的方法称为代替法。其优点是准确度高；缺点是设备复杂，操作麻烦，通常适用于测量准确度要求较高的场合。

相关知识

电工仪表的主要技术要求内容如下：

1. 足够的准确度

仪表的准确度高，会使制造成本增高，同时对仪表的使用条件要求也相应提高；准确度低，又不能满足测量的需要，并且测量结果的准确程度不仅与仪表的准确度有关，还与仪表的量程有关。所以，仪表的准确度要根据实际测量的需要来选择，不要片面追求准确度，认为准确度越高越好。

2. 合适的灵敏度

灵敏度反映了仪表对被测量的反映能力，即反映了仪表所能测量的最小被测量。可见，灵敏度是电工仪表的一个重要指标，灵敏度太高，仪表的制造成本就高，使用条件要求就高；灵敏度太低，仪表不能反映被测量的微小变化。在实际应用中，只要根据被测量的要求选择合适的灵敏度就可以。

3. 良好的读数装置和阻尼装置

良好的读数装置是指仪表的标尺刻度应力求均匀，对刻度不均匀的标尺应标明读数的起点，并用“.”表示，否则，会增大读数误差。

良好的阻尼装置是指仪表接入电路后，指针在平衡位置附近摆动的时间要尽可能的短，以利于尽快读数。

4. 变差要小

仪表在反复测量同一被测量时，由于摩擦等原因造成的两次读数不同，它们的差值称为变差。变差一般不应超过仪表基本误差的绝对值。

5. 本身消耗的功率要小

在测量过程中仪表本身必然会消耗一定的功率，将它们接入到电路中后，都会使电路的工作状态发生改变。仪表本身消耗的功率越大，对电路的影响就越大，从而产生较大的测量误差。因此，要求仪表本身消耗的功率要尽量的小。

6. 足够的绝缘强度和过载能力

仪表有足够的绝缘强度，可以保证使用者安全使用仪表。在实际使用中，由于某些原因使仪表过载的现象是难免的，因此要求仪表有足够的抗过载能力，以延长仪表的使用寿命。

检查与评价

课堂学习完成后，根据实践计划到实习场所完成教学实践，填写本次学习任务评价表（见附录 L）。

练习题

生活中，常用的电工仪表有哪几种？写出其名称、型号、仪表类型和测量对象。

课题二 常用电工仪表及其测量使用

课堂任务

1. 了解常用电工仪表的结构。
2. 初步掌握常用电工仪表的使用方法。
3. 会使用万用表进行电流、电压和电阻的测量。

实践提示

用万用表测量图 5-10 所示电路中的电阻、电阻两端的电压以及流过电阻的电流。

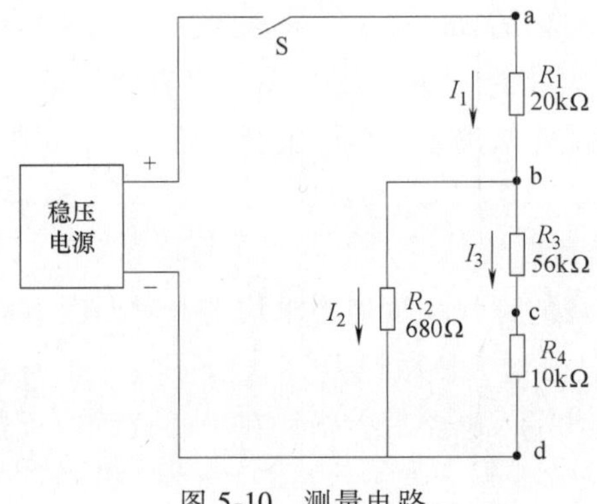

图 5-10 测量电路

知识学习

一、万用表

万用表是一种能测量多种电量，具有多种量程的便携式仪表。其主要组成部分有测量机构、测量线路和转换开关。一般的万用表可以测量直流电流、直流电压、交流电压、直流电阻和音频电平。有些万用表还可以测量电容、电感、功率及晶体管直流放大倍数。万用表是常用的电工检测仪表之一。常用的指针式万用表有 MF500 型和 MF47 型两种，如图 5-11 所示。

a) MF500型

b) MF47型

图 5-11 常用的指针式万用表

1. 万用表的结构

指针式万用表的种类较多，但它们的组成和工作原理基本相同。指针式万用表主要由外壳、表头、表盘、机械调零旋钮、电阻档调零旋钮、开关指示盘、转换开关、专用插座、表笔及其插孔等组成，如图 5-12 所示。下面以 MF 47 型万用表为例进行介绍。

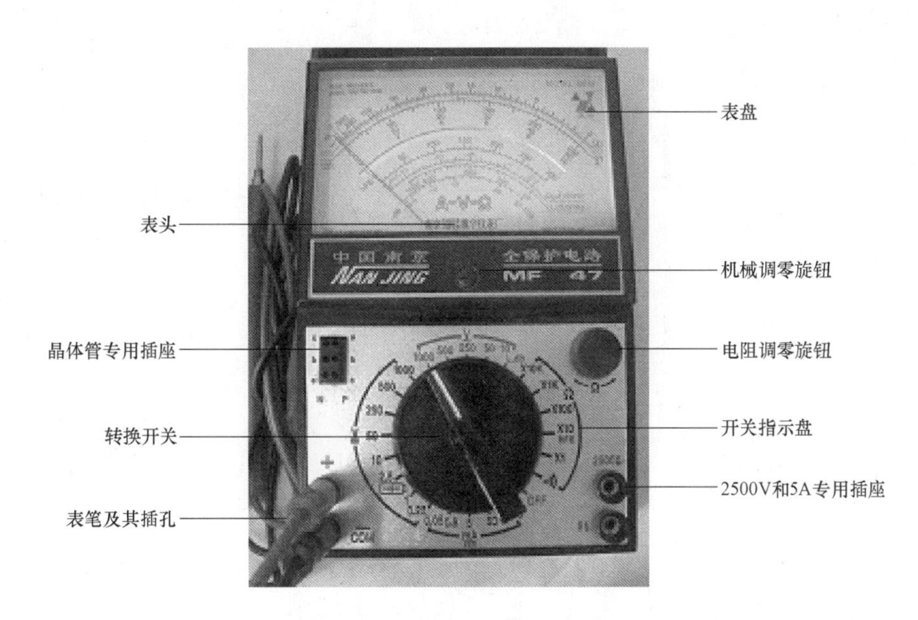

图 5-12 MF 47 型万用表的组成

（1）指针式万用表表头 万用表表头是一个内阻较大、灵敏度较高的磁电式直流电流表，主要由表针、磁路系统和偏转系统组成。表头能直接决定万用表的灵敏度。另外，表头上还设有机械调零旋钮，用以校正表针在左端的零位。在测量直流电流时，电流只能从与“+”插孔相连的红表笔流入，从与“-”插孔相连的黑表笔流出；在测量直流电压时，红表笔接高电位，黑表笔接低电位。否则，一方面测不出数值，另一方面很容易损坏表针。

（2）指针式万用表表盘 表盘（或标度盘）由多种刻度线以及带有说明作用的各种符号组成，如图 5-13 所示。只有正确理解各种刻度线的读数方法和各种符号所代表的意义，才能熟练、准确地使用万用表。

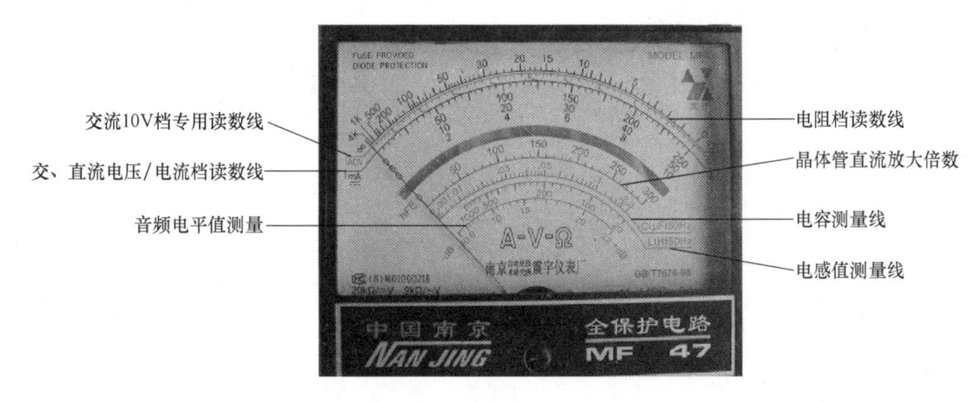

图 5-13 指针式万用表表盘

（3）转换开关　转换开关位于开关指示盘上，用来选择被测电量的种类和量程（或倍率），是一个多档位的旋转开关，每一档位分为几个不同的量程（或倍率）以供选择，如图5-14所示。如当转换开关拨到电流档时，可分别与5个接触点接通，用于500mA、50mA、5mA、0.5mA和0.05mA量程的电流测量。

图5-14　转换开关

（4）机械调零旋钮和电阻调零旋钮　机械调零旋钮的作用是调整表针未偏转时的位置（左端）。用万用表进行任何测量前，其表针均应指在表盘刻度线左端“0”的位置，如果不在这个位置，可调整该旋钮使表针到位，如图5-15所示。

电阻调零旋钮的作用是：在转换开关拨到电阻档时，将红、黑表笔短接，表针应指在电阻档刻度线右端“0”的位置，如果不指在“0”的位置，可调整该旋钮使表针到位，如图5-16所示。需要注意的是，每变换一次电阻档的量程，都要调整该旋钮，使表针指在“0”的位置，以减小测量误差。

图5-15　机械调零

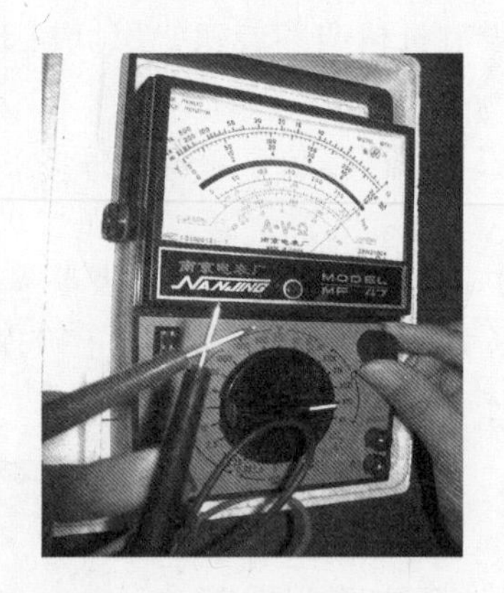

图5-16　电阻调零

（5）表笔插孔　表笔分为红、黑表笔两支，使用时应将红表笔插入标有“+”号的插孔中，黑表笔插入标有“-”号的插孔中。另外，MF 47型万用表还提供2500V交直流电压扩大插孔、5A直流电流扩大插孔和晶体管引脚插孔，使用时分别将红表笔移至对应插孔中即可，如图5-17所示。

2. 万用表的使用

（1）直流电压的测量　将转换开关拨至“V”范围内的适当量程档位，红、黑表笔分别

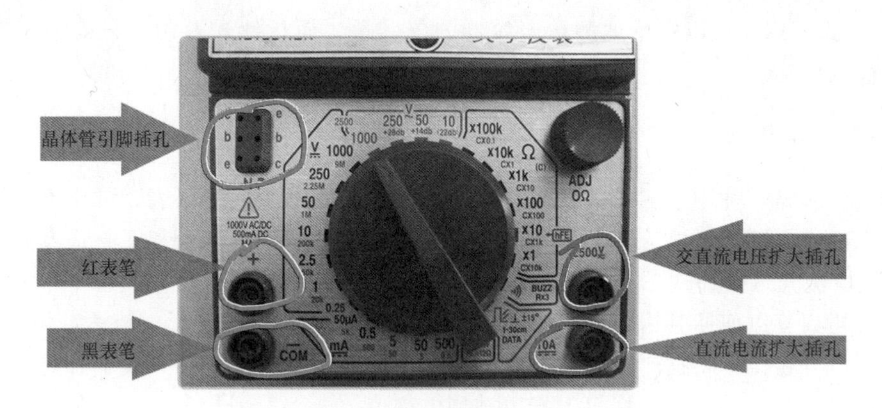

图 5-17　万用表上的插孔

接到被测电压的两端，且红表笔接到高电位端，指针在第二条刻度线读数。如果判断不出高低电位，可以采用一种比较简单的方法检验一下，即将红、黑表笔瞬间接触一下被测电压的两端，看指针的偏转方向，如果指针朝着正方向偏转，说明选择正确，如果指针向反方向偏转，则需交换红、黑表笔测量。

（2）交流电压的测量　将转换开关拨至交流电压（V）范围内的适当量程档位，测量时红、黑表笔并接于被测电路的两端，指针仍在第二条刻度线读数。其方法与直流电压的测量类同。

（3）直流电流的测量　将转换开关拨至“mA”范围的适当量程档位，红、黑表笔串接在被测电路中，使电流从红表笔流入、黑表笔流出，指针也在表盘的第二条刻度线读数。

（4）电阻的测量　万用表测电阻的一般步骤如下：

1）选择合适的倍率档。要求被测电阻接近该档的欧姆中心值。

2）进行电阻调零。将红、黑两表笔短接，调整电阻调零旋钮使指针指在欧姆零位。如果调整指针也指不到零位，说明内部电源太低，一般低于 1.3V，应更换电池再测量。

万用表在使用时应注意如下事项：

1）选择量程时，若估算不出被测量的数值，应先从最大量程开始选，然后根据表的指示值再逐渐缩小量程，直到选择好合适的量程为止。

2）测量高电压和大电流时，应严格遵守高压操作规程，不准带电转动转换开关，要注意人身安全。

3）测电阻时不允许被测电阻在带电的情况下进行测量。

4）测量电路中的电阻时，必须将被测电阻的一端从电路上断开。

5）测电阻时不允许用两手接触表笔的导电部分，尤其是在测量大电阻时，因为此时测得的是人体电阻与被测电阻的并联值。

6）当万用表的电阻档作为电源来使用时，一定要注意与红表笔相连的是内部电源的负极，与黑表笔相连的应是内部电源的正极。

关于指针式万用表与数字式万用表的使用区别：

① 指针式万用表与数字式万用表的基本测量功能大致相同，指针式万用表在测量过程中，可以看到数值的动态变化；数字式万用表的测量结果更为精确一些。技术人员基本上是依据个人习惯，选择使用。

② 数字式万用表可以定量地测量电容器的电容量，而指针式万用表只能够定性地判断电容器性能的好坏。

二、钳形电流表

钳形电流表是一种用于测量正在运行电气线路的交流电流值的仪表，可在不破坏被测电路通电状态的情况下测量电流。其工作部分主要由一只电磁式电流表和穿心式电流互感器组成。穿心式电流互感器的铁心制成钳形活动开口。旋钮实际上是一个量程选择开关，扳手的作用是开合钳口，以便使其钳入被测导线。图 5-18 所示为常见的钳形电流表。测量电流时，按动扳手，打开钳口，将被测载流导线置于钳形铁心的中间，当被测导线中有交变电流通过时，使指针发生偏转，在表盘标尺上指出被测电流值。

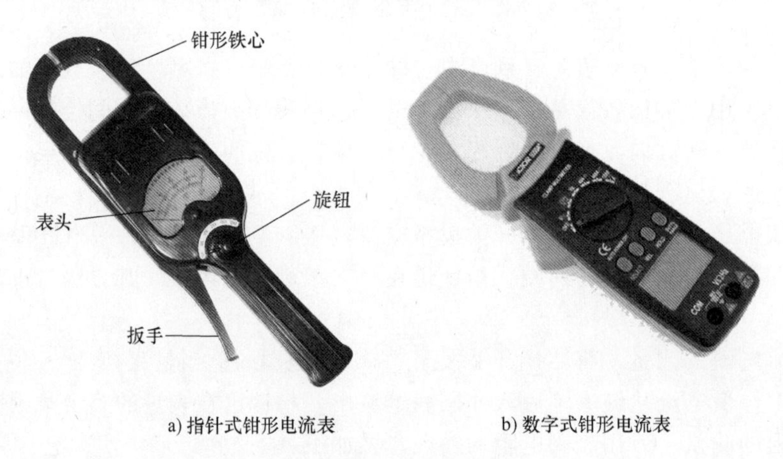

a) 指针式钳形电流表　　b) 数字式钳形电流表

图 5-18　常见的钳形电流表

钳形电流表的正确使用方法：

1）测量前先估计被测电流值，选择合适的量程。若无法估计被测电流值时，则应从最大量程开始，逐步换成合适的量程。转换量程应在退出导线后进行。

2）测量时应将被测载流导线放在钳口的中央，以免增大误差。

3）钳口要结合紧密。若发现有杂声，应检查钳口结合处是否有污垢存在。如有，则用煤油擦干净后再进行测量。

4）测量 5A 以下的较小电流时，为使读数准确，在条件许可的情况下可将被测导线多绕几圈再放入钳口进行测量，被测实际电流值等于仪表的读数除以放进钳口中导线的圈数。

5）测量完毕，一定要将仪表的转换开关置于最大量程位置，以防下次使用时由于使用者疏忽而造成仪表损坏。

三、绝缘电阻表

绝缘电阻表是用来测量绝缘电阻的仪表，主要用于检查电气设备、家用电器或电气线路对地及相同的绝缘电阻。绝缘材料因受潮、发热、污染、老化等原因，造成绝缘强度降低，为了便于检查修复后的设备绝缘性能是否达到要求，都要用绝缘电阻表经常测量其绝缘电阻。绝缘电阻表有指针式和数字式两大类，如图 5-19 所示。

指针式绝缘电阻表采用手摇发电机供电，故又称为摇表。它有 3 个接线柱，分别是线

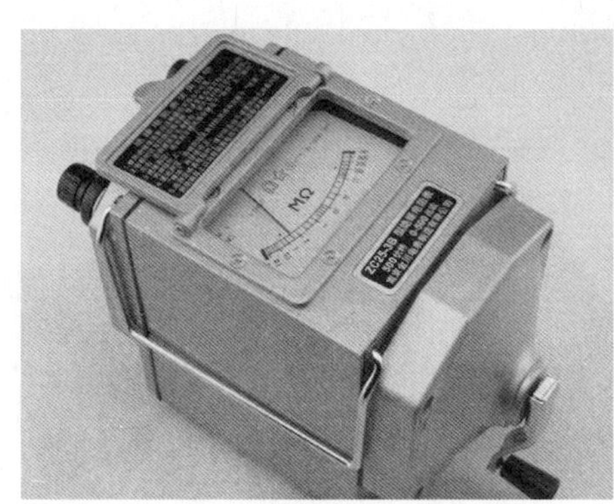

a) 指针式绝缘电阻表

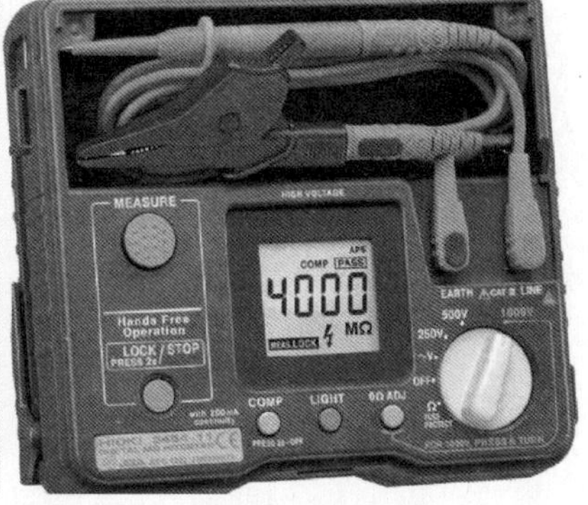

b) 数字式绝缘电阻表

图 5-19 绝缘电阻表

(L)、地（E）和屏蔽（G）。一般被测绝缘电阻都接在线（L）、地（E）端之间，但当被测绝缘体表面漏电严重时，必须将被测物的屏蔽层与 G 端相连接。这样漏电流就经屏蔽端 G 直接流回发电机的负端构成回路，而不再流过绝缘电阻表的测量机构。在测量电气设备对地绝缘电阻时，L 端用单根导线接设备的待测部位，E 端用单根导线接设备外壳；如测电气设备内两绕组之间的绝缘电阻时，将 L 和 E 端分别接两绕组的接线端；当测量电缆的绝缘电阻时，为消除因表面漏电产生的误差，L 端接线芯，E 端接外壳，G 端接线芯与外壳之间的绝缘层。

指针式绝缘电阻表使用时应注意如下事项：

1）绝缘电阻表必须水平放置于平稳牢固的地方，以免在摇动时因抖动和倾斜产生测量误差。

2）不允许设备和线路带电时用绝缘电阻表去测量电阻。应先切断电路电源，并将设备和线路先放电，以免设备或线路的电容放电危及人身安全和损坏绝缘电阻表。

3）绝缘电阻表未停止转动以前，切勿用手去触及设备的测量部分以及绝缘电阻表接线桩。拆线时也不可直接触及引线的裸露部分。测量完毕，应对绝缘电阻表充分放电。

数字式绝缘电阻表读数方便，无须手摇发电，大多兼有测量电压的功能。

四、示波器

示波器的基本功能是将电信号转换为可以观察的视觉图形，以便人们观测。它将随时间变化的电压信号转换为与时间相关的波形曲线，因此能够分析电信号的时域性质。

示波器分为模拟示波器和数字示波器，如图 5-20 所示。

模拟示波器采用的是模拟电路，显示元件为示波管，示波管中电子枪发射的电子经聚焦形成电子束并打到屏幕上，屏幕的内表面涂有荧光物质，这样电子束打中的点就会发出光来。

数字示波器通过模拟转换器将被测信号转换为数字信息，捕获波形的系列样值后重构波形。数字示波器因具有波形触发、存储、显示、测量、波形数据分析处理等优点，使用日益普及。

示波器有单踪、双踪和多踪等类型，不同的踪数表示示波器能同时监测的信号数量，如

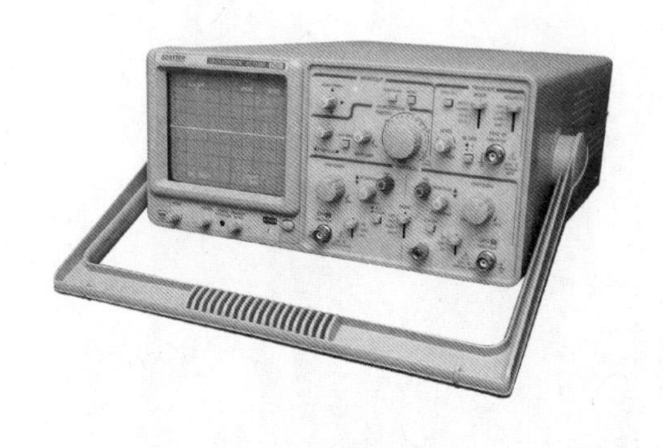

a) 模拟示波器

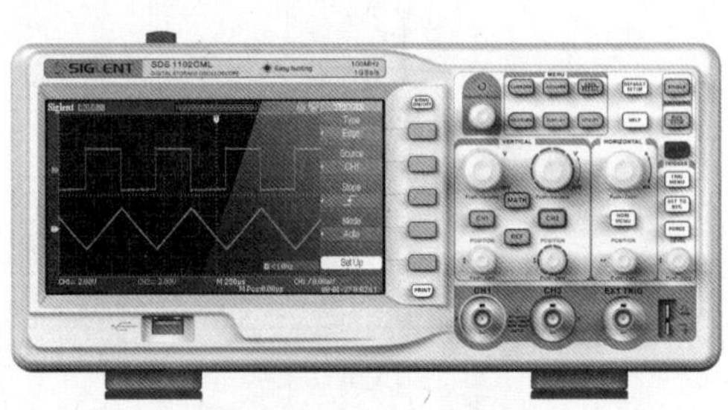

b) 数字示波器

图 5-20 示波器

单踪示波器只能显示一个信号波形，双踪示波器可同时显示两个信号波形。

相关知识

一、万用表面板各部分的功能

（1）刻度线　万用表的刻度线一般都有多条，以 MF47 型为例，一共有 6 条刻度线且有三种颜色：红、绿、黑。

（2）机械调零旋钮　在使用万用表时，若指针未指到机械“0”位置，应先调整机械调零旋钮使指针指在“0”位置，这样可以减少测量误差。

（3）量程及功能转换开关　用来完成测试功能和量程的选择。

（4）电阻调零旋钮　测量电阻时，先将两表笔短接，调节电阻调零旋钮，使指针指在“0”欧姆位置上。

（5）输入插孔　输入插孔是万用表表笔与被测量连接的部位。使用时红、黑两表笔分别插入“+”“-”插孔。测量高压时应将红表笔插入专用高压插孔，测量大电流时应将红笔插入专用大电流插孔，黑表笔不动。

（6）h_{FE}插孔　在测量晶体管直流放大倍数 h_{FE}时，按晶体管类型将三个电极对应插入 e、b、c 插孔内。

（7）电池盒　电池盒位于表的后方，抽取盖板可更换电池。

二、绝缘电阻表的选择、使用与维护

1. 绝缘电阻表的选择

绝缘电阻表的选择应从两个方面来选，一是它的额定电压，二是它的测量范围。

（1）额定电压的选择　要求绝缘电阻表的额定电压一定要与电器设备或供电线路的工作电压相适应，不能太高也不能太低。如果用高压的绝缘电阻表去测量低压电气设备的绝缘电阻，会使设备的绝缘遭到破坏，而如果用低压绝缘电阻表去测量高压电气设备的绝缘电阻，测得的只是低压下的绝缘电阻数值，反映不出高压作用下的绝缘电阻的真正数值。

（2）测量范围的选择　要求绝缘电阻表的测量范围不能超出被测电阻数值过多，否则会产生很大的读数误差。

2. 绝缘电阻表的检查

在绝缘电阻表未接被测电阻之前，摇动发电机的手柄使之达到额定转速（120r/min），观察指针是否指在标尺的“∞”位置。再将L端和E端短接，缓慢摇动手柄，观察指针是否指在标尺的“0”位置。如果指针不能指在相应的位置，表明绝缘电阻表有故障，必须检修后才能使用。

3. 绝缘电阻表的接线

绝缘电阻表有三个接线端钮，分别标有L（线路）、E（接地）和G（保护环或屏蔽），使用时应按测量对象的不同来选用。通常L接到被测设备的导电部分，电力电缆的导电线芯；E接设备的外壳或可靠的接地；G接不需要测量的部分，它只在特殊情况下使用，当测量表面不干净或测量潮湿的电缆绝缘电阻时，为了准确测量其绝缘材料内部的绝缘电阻（即体积电阻），就必须用G端钮，这样绝缘材料的表面漏电流 I_s 沿绝缘体表面，经G端钮直接流回电源负极。而反映体积电阻的 I_v 则经绝缘电阻内部、L接线端、线圈1回到电源负极。可见，屏蔽G的作用是屏蔽表面漏电电流。加接屏蔽G后的测量结果只反映体积电阻的大小，因而大大提高测量的准确度。

4. 测量过程

先缓慢摇动发电机的手柄，看看绝缘电阻表的指针是否指向“0”，如果指向“0”说明被测绝缘物已经发生短路事故，不需要继续测量，应立即停止摇动手柄；如果不指向“0”，再快速摇动发电机的手柄至额定转速120r/min。待指针稳定后就可以读出被测量的数值。

5. 使用时的注意事项

1）测量绝缘电阻必须在被测设备和线路停电的状态下进行。对含有大电容的设备，测量前应先进行放电，测量后也应及时放电，放电时间不得小于2min，以保证人身安全。绝缘电阻表与被测设备间的连接线不能用双股绝缘线或绞线，应用单股线分开单独连接，以避免线间电阻引起的误差。

2）测量具有大电容设备的绝缘电阻，读数后不能立即停止摇动绝缘电阻表，以防已充电的设备放电而损坏绝缘电阻表。应在读数后一边降低手柄转速，一边对地放电。在绝缘电阻表没有停止转动和被测物充分放电之前，不能用手触及被测设备的导电部分。

3）测量设备的绝缘电阻时，应记下测量时的温度、湿度、被测设备的状况等，以便于分析测量结果。

三、其他仪表——电能表

电能表是专门用来测量电能的仪表，由于电能的单位是度和千瓦·时（kW·h），所以电能表又称为电度表或千瓦·时表。目前，交流电能的测量大多采用感应系电能表，这种仪表的转动力矩大，成本低，是一种应用广泛的电工仪表。

生产实际中三相电能的测量一般都采用三相电能表。三相电能表是根据两表法或三表法的原理，把两个或三个单相电能表的测量机构组合在一只表壳内。实际由于完全对称的三相电路很少，所以一表法在三相电能的测量中很少使用。

电能表有的可从表上直接读数，若电能表经互感器接入电路，总电能等于表的读数乘以互感器变比。当配套使用的互感器变比和电能表标明的不一样时，则必须将电能表的读数进行换算后才能求得被测电能实际值。例如，电能表上标明的互感器变比是10000/100V、

100/5A，而实际使用的互感器变比是10000/100V、50/5A，此时应将电能表的读数除以2，才是被测电能的实际值。

任务准备及实施

根据自己学校的实验设备情况，查阅有关资料，思索实践内容，填写本次实践计划表，实践计划表（见附录A）。

一、准备工作

（1）器材　一块实验板，一台指针式万用表，一只20kΩ电阻、一只56kΩ、一只10kΩ、一个680Ω电位器，导线若干，一只开关。

（2）电路　按图5-21所示电路连接混联电路，并将稳压电源的直流输出电压调为12V。注：电路连接的过程中，开关是断开的。

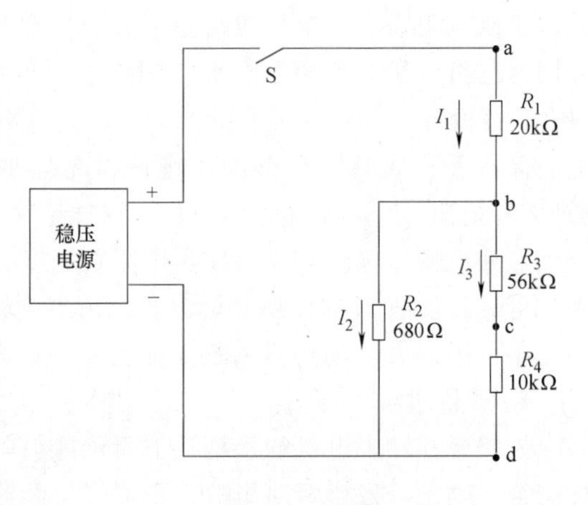

图5-21　电路

二、测电阻

在开关S断开的情况下，测量图5-21中的4个电阻（表5-1）。测量时将转换开关拨至适当量程，将两表笔分别接至测量电阻的两端，读出数值。

注：每变化一次量程，均须进行电阻调零。

表5-1　电阻测量记录表

项目	数据记录			
测量对象	R_1	R_2	R_3	R_4
万用表量程				
测量数据				

三、测电压

将12V直流电源接入，合上开关，测量各电阻两端的电压（表5-2）。

测量时先估算被测电压值，然后将转换开关拨至适当的电压量程，将万用表并联接入被测电阻两端，即在不断开电路的情况下，将红表笔接被测电压的“+”端，黑表笔接被测电压“-”端。

表5-2　电压测量记录表

项目	数据记录			
测量对象	U_1	U_2	U_3	U_4
万用表量程				
测量数据				

四、测电流

测量流过各电阻的电流值。测量时将转换开关拨至适当量程，将万用表串联接入被测量电路，并注意表笔的极性。将测量数据填入表 5-3 中。

表 5-3 电流测量记录表

项目	数据记录		
测量对象	I_1	I_2	$I_3(I_4)$
万用表量程			
测量数据			

检查与评价

课堂学习完成后，根据实践计划到实习场所完成教学实践，填写本次学习任务评价表（见附录 M）。

练习题

1. 用万用表判别电阻、电容质量好坏的方法是什么？

2. 小张家的电能表 5 月末的示数和 6 月末的示数分别如图 5-22 所示，假设居民用电每度为 0. 56 元，请你计算一下小张家 6 月份应付的电费。

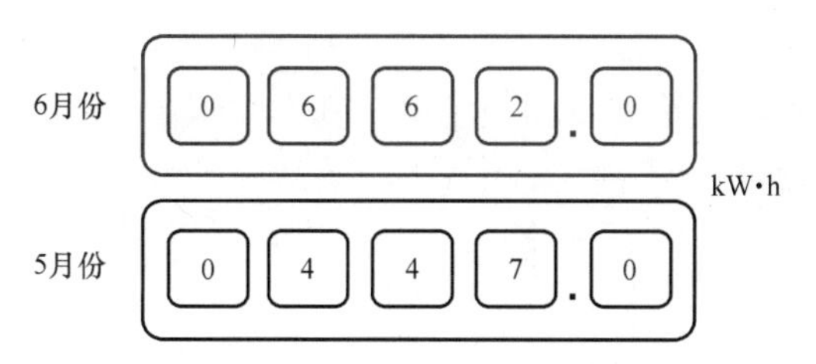

图 5-22 小张家的电能表示数

单元六
照明电路安装与测试

学习目标

在现代工农业生产和日常生活中应用最广泛的是交流电，如工厂中的动力设备供电和家用照明电路等都采用的是交流电。通过本单元的学习，掌握交流电路的基本知识，会分析简单交流电路的工作过程；理解接地保护的作用；会安装、检测简单的照明电路；了解交流电路元件的性能和应用以及电路特点；了解新型节能电光源及应用。

课题一　认识交流电

课堂任务

1. 掌握交流电的基本物理量和单相交流电的基本知识。
2. 理解保护接地的作用。
3. 会用简单工具判断电源供电状况。

实践提示

1. 观察室内插座、开关、照明灯分布。
2. 使用验电笔检测插座是否带电。
3. 观察家用电器的铭牌。

知识学习

在第一单元的学习中我们已经了解电是从哪里来的，目前绝大多数的发电厂产生的电都是交流电。与直流电相比，交流电具有更多的优越性：一是可以方便地改变交流电电压，较好地解决高压输电和低压配电的矛盾；二是交流电气设备的构造简单，工件可靠，维修方便。

一、交流电的基本物理量

大小和方向随时间做周期性变化的电流、电压和电动势统称为交流电，用字符 AC 或“~”符号表示。我们常用波形图来表示交流电随时间变化的规律，如图 6-1b、c 所示。

日常生活中使用的是随时间按照正弦规律变化的交流电，称为正弦交流电。它随时间变化的规律如图 6-1b 所示。

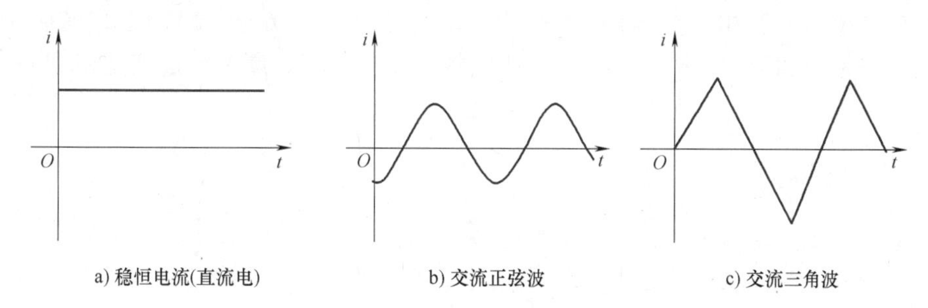

a) 稳恒电流(直流电)　b) 交流正弦波　c) 交流三角波

图 6-1　各种电流随时间变化波形图

在我国的电力系统中，工业交流电每经过 0.02s 就会经历一次完整的变化，称之为一个周期（T）；在 1s 内完成周期性变化的次数为频率（f），它的单位是赫兹（Hz），我国工业交流电标准频率为 50Hz，简称工频。

交流电周期与频率的关系为

$$T=\frac{1}{f}$$

正弦交流电大小和方向随时间是变化的，通常用交流电的有效值来表征它的大小。交流电的有效值是根据电流热效应来规定的，将交流电和直流电分别通过同样阻值的电阻，如果它们在同一时间内产生的热量相等，就把这一直流电的数值称为这一交流电的有效值。

有效值在电气工程中应用非常广泛。通常所说的居民用电电压为 220V、动力线路的电源电压为 380V 都指有效值；用交流电工仪表测量出来的交流电流和电压也指有效值。交流电的有效值并不是它的最大值，正弦交流电所能达到的最大值是有效值的$\sqrt{2}$倍。

交流电的有效值和频率是两个非常重要的物理量，我国使用交流电的家电产品的铭牌上都会标注交流电的额定电压有效值和额定频率，如图 6-2 所示。

图 6-2　家电产品的铭牌

> 注意：
>
> 世界各个国家居民用电的电压和频率并不是统一的。在国外购置用电设备时，应注意铭牌上标注的额定电压和频率是否与我国的一致，否则可能出现国内无法正常使用的情况。

正弦交流电还有一个重要的物理量称为相位，它随时间变化，影响着某一时刻交流电的大小与方向，单位是弧度或度。初始时刻的相位称为初相位，简称初相。两个频率相同的交流电的相位之差即为初相之差，与时间无关，表明了两个交流电在时间上超前或滞后的关系，即相位关系。如果两个频率相同的交流电的初相位相同，则它们的变化步调是一致的，总是同时达到零和正、负最大值，称两个电流同相。

二、单相交流电

在日常生活中广泛采用单相正弦交流电为照明系统供电，供电方式是一根相线和一根零线与用电器构成回路。相线俗称为火线，用大写字母 L 表示；它的对地电压为 220V。零线用大写字母 N 表示，零线的对地电压等于 0。为保证用电安全，用电器开关都要求接在相线上。

双孔电源插座的两个插孔分别连接相线和零线。嵌在墙体上的插座通常遵守“左零右火”的原则进行安装，即面对插座其左插孔为零线，右插孔为相线，但受人为因素影响，此原则不应作为工作中判定零线与相线的绝对标准。

在单相三孔的电源插座插孔中还有一根接地线，用于连接用电器的外壳，防止用电器外壳带电产生触电事故。接地线用符号⏚或字母 PE 表示。图 6-3 为三孔电源插座的接线分配示意图。

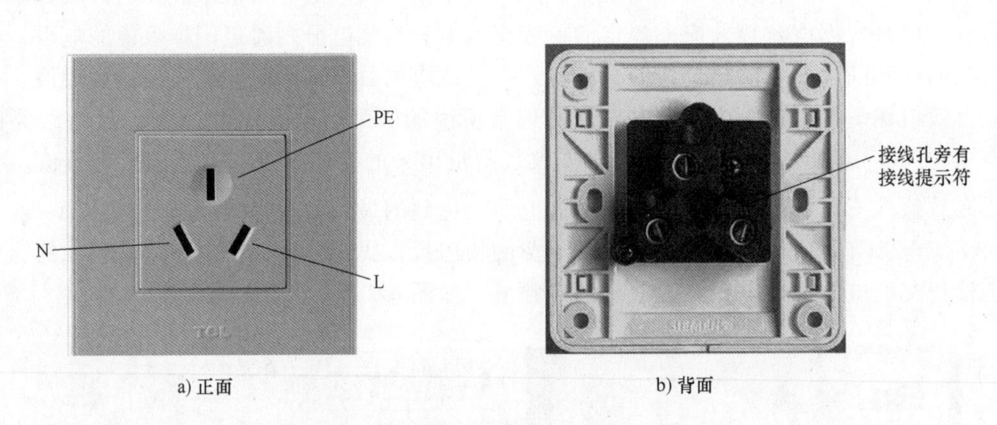

a) 正面　　b) 背面

图 6-3　三孔电源插座的接线分配

接地线可以让用电器工作时能够可靠接地。当电气设备因绝缘损坏而发生漏电或击穿时，平时不带电的金属外壳或其他部分便会带电，人体若触及这些意外带电的部分，就有可能发生触电。接地线可以将漏电产生的电流或强电动势引入大地，避免事故发生。

> 注意：
>
> 为避免发生漏电触电事故，通常采取的技术措施有保护接地、保护接零和装设漏电保护器等。

三、电源供电状况的判定

验电笔可以快捷地判断室内电源供电情况。正常情况下，用普通电笔接触相线电笔发光，接触零线和接地线应不发光。

> 注意：
>
> 普通电笔测量电压范围在 60~500V，低于 60V 电笔的氖气管指示灯不会发光，高于 500V 不能用普通电笔来测量，否则容易造成触电事故。数显式电笔的检测范围为 12~250V。

使用万用表的交流电压挡，可以测量交流电源的电压值，以此来判断供电是否正常。万用表交流电压档测得的电压值为有效值。

任务准备及实施

根据自己学校的实验设备情况，查阅有关资料，思索实践内容，填写本次实践计划表（见附录 A）。

图 6-4 电工实训工作台

一、应知内容

1. 表征交流电的三个重要物理量是什么？
2. 如何用验电笔判断正常电源的零线与相线？
3. 保护接地的作用是什么？

二、实践内容

1）认识电工实训工作台（图 6-4 和图 6-5）。

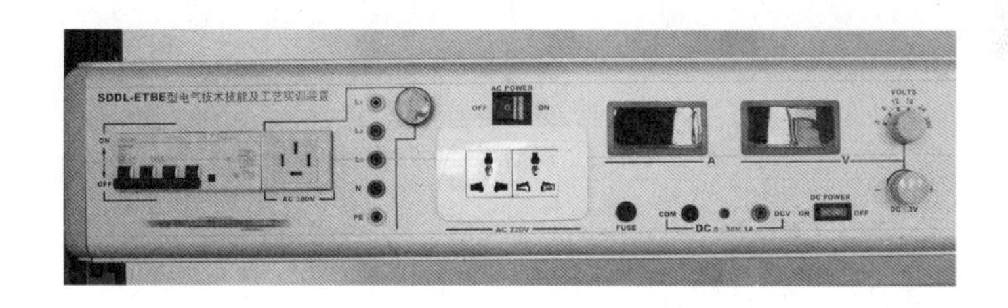

图 6-5 电工实训工作台面板

2）使用验电笔判断室内电源供电情况。

检查与评价

课堂学习完成后，根据实践计划到实习场所完成教学实践，填写本次学习任务评价表（见附录 N）。

相关知识

一、正弦交流电的表示方法

1. 解析式

正弦交流电随时间变化的关系可以用正弦函数式来表示，即交流电的解析式，其表达方

式为

$$交流电的瞬值=最大值\ \sin(2\pi ft+\varphi_0)$$

其中 t 为时间；φ_0 为交流电的初相位；f 为交流电的频率，$2\pi f$ 即为正弦交流电 1s 内所变化的角度，也称为交流电的角频率（ω），单位是弧度/秒（rad/s）。角频率与周期、频率的关系是

$$\omega=\frac{2\pi}{T}=2\pi f$$

交流电流、电压和电动势的解析式分别为

$$i=I_m\sin(\omega t+\varphi_0)$$
$$u=U_m\sin(\omega t+\varphi_0)$$
$$e=E_m\sin(\omega t+\varphi_0)$$

2. 波形图

正弦交流电也可以用与解析式相对应的正弦曲线即波形图来表示，如图 6-6 所示。图中的横坐标表示时间 t 或角度 ωt，纵坐标表示随时间变化的电动势、电压或电流的瞬时值。有时为了比较两个交流电的相位关系，也可以把多个曲线画在同一坐标系内，如图 6-7 所示，纵坐标按照不同比例表示。

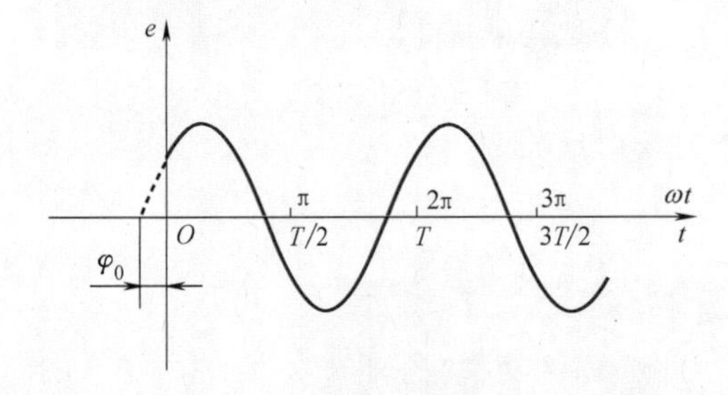

图 6-6 波形图

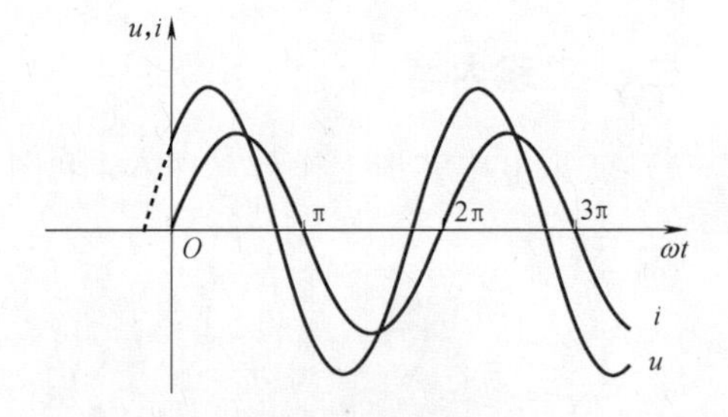

图 6-7 多个波形图

3. 相量图

正弦交流电还可以用一个旋转的矢量表示，也称为相量图。矢量以角速度 ω 沿逆时针方向旋转，为表示这样一个矢量一般只画出它的起始位置；长度可以是最大值，也可以是有效值，并用字母上加黑点的符号来表示。相同频率的几个正弦量可以画在同一个图上，例如图 6-8 将交流电压 U 和电流 I 画在同一个相量图内。

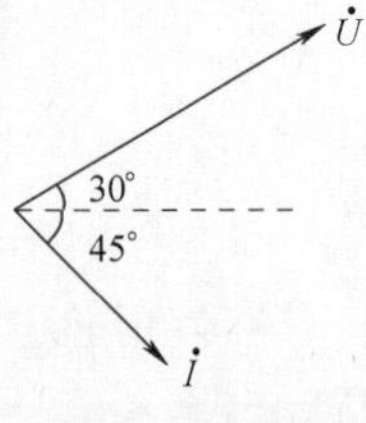

图 6-8 相量图

二、单一元件的交流电路

在交流电路中常用的元件有电阻、电感和电容，把其中一个元件接上交流电源就构成了单一元件的交流电路。

在只有电阻负载的纯电阻电路中，交流电路电流和电压的数量关系为

$$I=\frac{U}{R}$$

即通过电阻的交流电流和电阻两端交流电压的有效值符合欧姆定律，而且通过电阻的电流和电阻两端电压的相位相同。

如同电阻对电流有阻碍作用一样，电容和电感对交流电也有阻碍作用。电容对交流电的阻碍作用称为容抗，用符号 X_C 来表示；电感对交流电的阻碍作用称为感抗，用符号 X_L 来表示；它们的单位都是 Ω（欧）。电容的容抗与它的电容 C 和交流电的频率 f 有如下关系

$$X_C = \frac{1}{\omega C} = \frac{1}{2\pi fC}$$

电感器的感抗与它的电感 L 和交流电的频率 f 有如下关系

$$X_L = \omega L = 2\pi fL$$

对于只接一个电感元件的纯电感电路，电流与电压有效值的数量关系为

$$I = \frac{U}{X_L}$$

纯电感电路中电流和电压的相位关系为电压超前电流 90°（半个周期），或者说电流滞后电压 90°（半个周期）。

对于只接一个电容元件的纯电容电路，电流与电压有效值的数量关系为

$$I = \frac{U}{X_C}$$

纯电容电路中电流和电压的相位关系为电压滞后电流 90°（半个周期），或者说电流超前电压 90°（半个周期）。

课题二 照明电路安装与测试

课堂任务

1. 能根据照明电气原理图准备必要的施工材料。
2. 会进行单相电能表、刀开关、熔断器、螺口灯具和灯座的安装。
3. 能识别简单照明线路图，会进行常见灯具的安装及检查。
4. 能够按照正确的操作规范进行安装、检测、维修与文明安全操作。

实践提示

1. 熟悉电工实训台，学会应用简单的电工工具。
2. 安装并测试照明电路。

知识学习

一、单相电能表

电能表俗称电度表、火表，是专门用来计量某一时间段电能累计值的仪表。照明系统一般使用直接接入式的单相电能表，主要分为感应式（又称机械式）和电子式两大类。图6-9所示为常见单相电能表。单相电能表以千瓦 · 时（kW · h）为标准单位进行计量。千瓦 · 时俗称度，1 度电在数值上表示功率为 1kW 的用电器工作 1h 所消耗的电能。电能表读数盘的

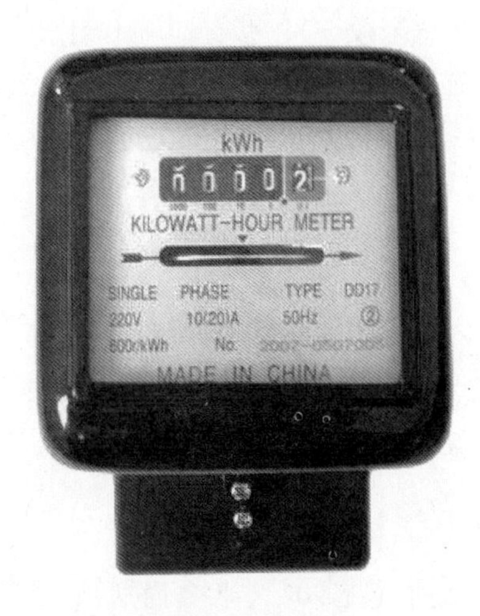

a) 感应式单相电能表

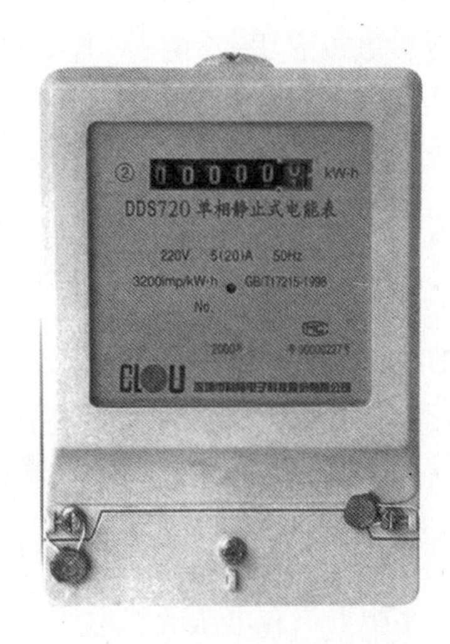

b) 电子式单相电能表

图 6-9 常见单相电能表

最后一位是红色的边框，数位表示为 0.1kW·h。单相电能表有 4 个接线柱，接入电路时采用跳入式接法，如图 6-10 所示。

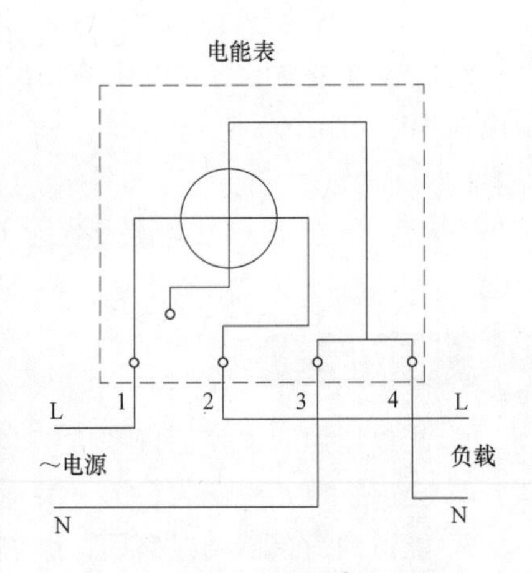

图 6-10 单相电能表跳入式接法

电能表盘上一般会标注有电压参数、电流参数、电源频率和耗电计量参数。

电压参数表示电能表适用电源的电压。标定 220V 的电能表适用于单相普通照明电路。一般电能表的电流参数有两个，如 10（20）A，第一个为标定工作电流为 10A，另一个是表示允许通过的最大电流为 20A。电源频率表示适用电源的频率。对于耗电计量参数，感应式电能表标注的计量参数单位是 R/kW·h，其含义是用电器每消耗 1kW·h 的电能，电能表的铝转盘转过的转数；电子式电能表的计量参数单位是 Imp/kW·h，表示用电器每消耗 1kW·h 的电能，电能表产生的脉冲数。

二、熔断器

熔断器俗称保险丝，在低压配电网络和电力拖动系统中用作短路保护。熔断器应串联在所保护的电路中。当线路或设备发生短路时，通过熔断器的电流如果达到或超过某一规定值，以其自身产生的热量会使熔体熔断，从而使线路或电气设备脱离电源，起到保护作用。

三、低压开关

低压开关主要用作隔离、转换以及接通和分断电路。常用的低压开关主要有刀开关、组合开关和断路器等。

刀开关是结构简单、应用广泛的一种手动电器。图 6-11 所示为常用刀开关及图形符号。

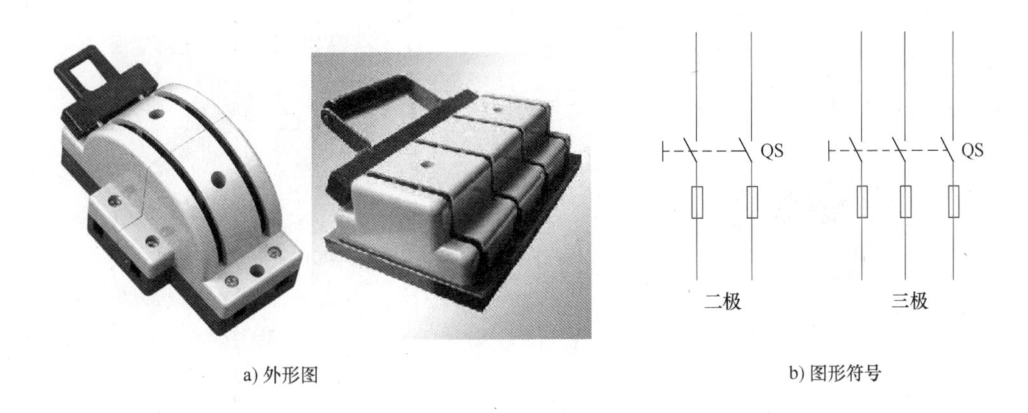

a) 外形图　b) 图形符号

图 6-11 刀开关

照明开关是照明电路的手动控制器具，也属于刀开关的一种。照明开关种类繁多，图 6-12 为常见的照明开关。

为防止修理用电器时发生触电事故，要求开关接在相线上，用电器接在零线上，以保证在正常情况下开关断开后，用电器不带电。

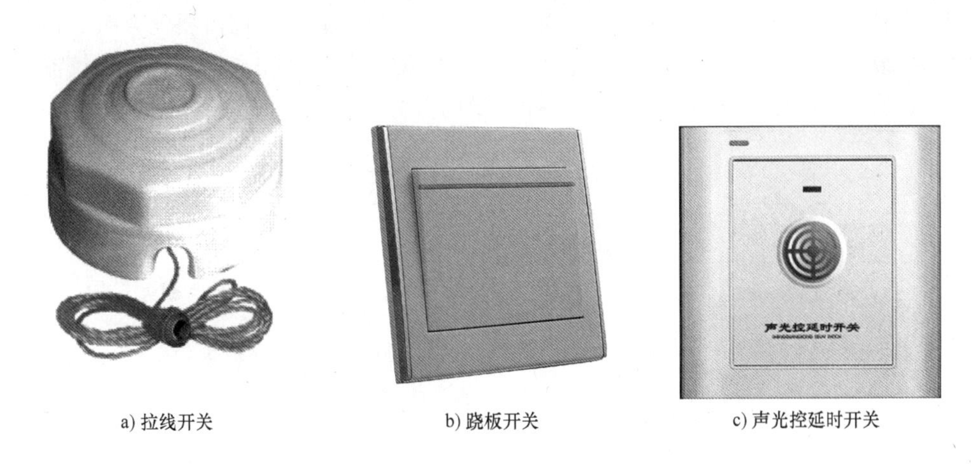

a) 拉线开关　b) 跷板开关　c) 声光控延时开关

图 6-12 常见的照明开关

四、常用照明灯具

1. 白炽灯

白炽灯是利用电阻的热效应将电能转化为光能和热能的一种灯具，通过灯座接入电路。白炽灯的主要工作部分是灯丝，它由电阻较高的钨丝制成。常见为螺口灯头，根据灯头的螺纹不同可以分为 E27、E14 等规格。图 6-13 为 E27 螺口白炽灯和 E17 螺口白炽灯及螺口灯座外观。

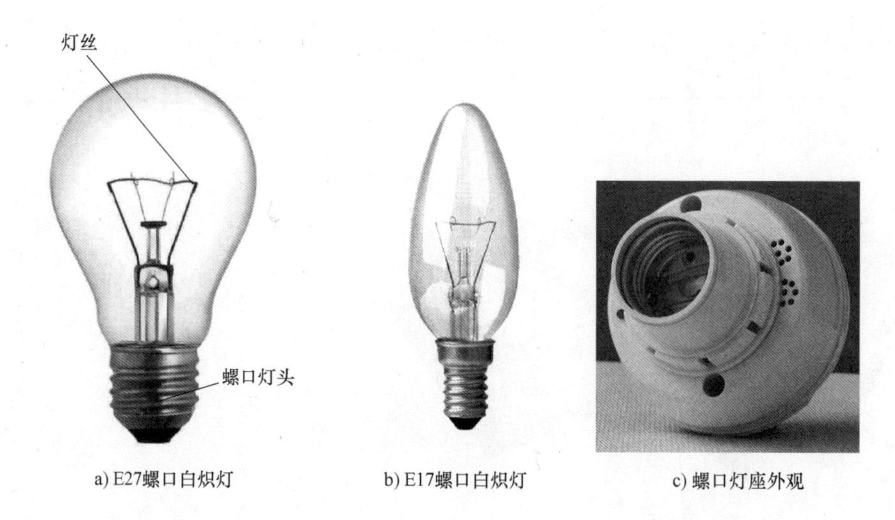

a) E27螺口白炽灯　b) E17螺口白炽灯　c) 螺口灯座外观

图 6-13　E27 螺口白炽灯、E17 螺口白炽灯及螺口灯座外观

白炽灯结构简单，价格低廉，维修方便，启动迅速，能瞬间点燃，但发光效率低，使用寿命短。2011 年我国公布了《中国逐步淘汰白炽灯路线图》，白炽灯将被更加省电环保的节能照明产品取代。

2. 荧光灯

荧光灯俗称日光灯，为冷辐射光源，靠汞蒸气放电时辐射的紫外线激发灯管内壁荧光粉发光。荧光灯具有光色好、发光率高、耗能低等优点。早期的荧光灯需要配合镇流器、辉光启动器等才能使用，结构比较复杂，配件多，故障率相对白炽灯较高。随着电子镇流器的广泛应用，荧光灯安装变得较为简单。图 6-14 所示为荧光灯和电子镇流器。

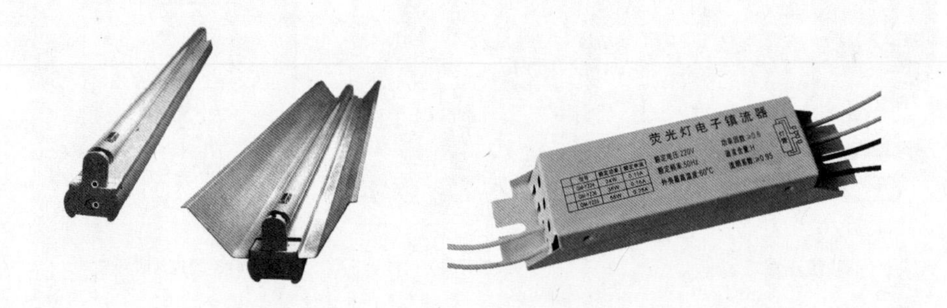

图 6-14　荧光灯和电子镇流器

3. 新型节能电光源

（1）电子镇流器式荧光灯　电子镇流器式荧光灯具有光效高、使用寿命长、节电率高的特点，无频闪，经预热可快速启动，分为自镇流荧光灯和单端荧光灯两大类。

自镇流荧光灯又称紧凑式荧光灯，我们平时所说的“节能灯”大多数指的这种灯具，其灯头自带镇流器等全套控制电路。配有螺口灯头的自镇流荧光灯，可直接安装在标准的白炽灯灯座上面，无须线路改造即可替换白炽灯。单端荧光灯又称 PL 插拔式节能灯管，它需借助外部的控制电路，实现照明功能。灯头有 2 针（2P）和 4 针（4P）两种，2 针的灯头中含有辉光启动器和抗干扰电容，而 4 针的灯头中没有任何电子元器件。图 6-15 所示为常见的电子镇流器式荧光灯。

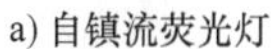

a) 自镇流荧光灯

b) 4针单端荧光灯

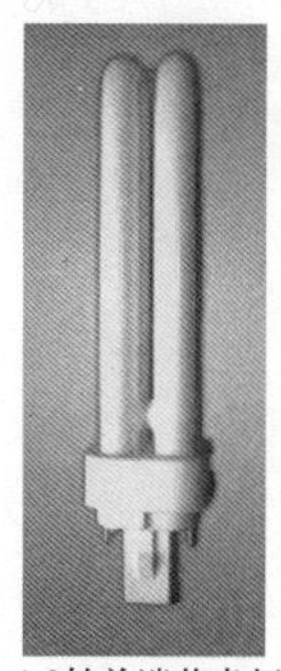

c) 2针单端荧光灯

图 6-15　常见的电子镇流器式荧光灯

（2）LED 灯　LED 灯是新一代固体冷光源，用高亮度发光二极管作为发光材料。它具有低能耗，无汞、绿色环保，固态封装、防振动，电压低、安全的特点。与白炽灯管或低压荧光灯管相比，LED 灯的稳定性和寿命长是明显优势，适用家庭、商场、银行等多种公共场所长时间照明。图 6-16 所示为常见 LED 灯。

a) 照明用螺口LED灯

b) 装饰用LED灯带

图 6-16　常见 LED 灯

注意：

具有螺口灯头的自镇流荧光灯或照明用 LED 灯，只要规格匹配可以使用白炽灯的灯座。但部分 LED 灯不适用于控制白炽灯的声光控延时开关。

4. 其他常见灯具

（1）碘钨灯　其外观如图 6-17a 所示，适用于照明度要求高、悬挂高度较高的室内外照明。

（2）高压钠灯　外形如图 6-17b、c 所示，它是一种发光效率高、省电、透雾能力强的电光源，适用于街道、机场、车站等场所照明。高压钠灯灯管熄灭后，必须等管内温度下降

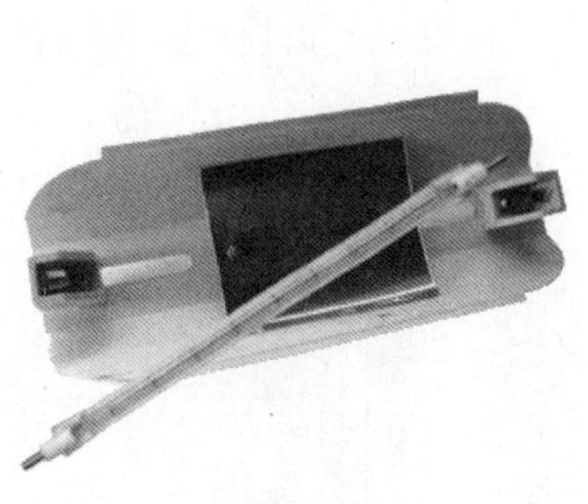
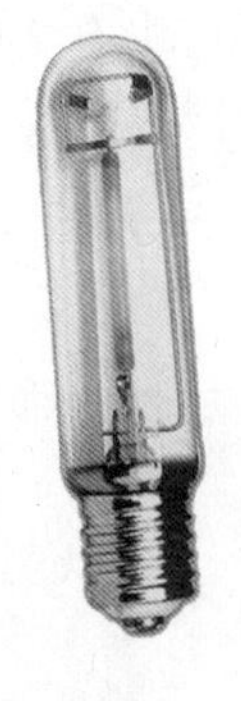

a) 碘钨灯管与灯架　　b) 高压钠灯　　c) 高压钠灯座

图 6-17　碘钨灯与高压钠灯

后，热继电器复位，才能重新点燃。

任务准备及实施

根据自己学校的实验设备情况，查阅有关资料，思索实践内容，填写本次实践计划表（见附录 A）。

一、应知内容

1. 电能表在电路中的作用是________________________。

2. 单相电能表一共有__________个接线柱，按从左到右的顺序，第__________、__________个接线柱接电源进线，第__________、__________个接线柱接电源出线。

3. 电能表铭牌上标明“220V，2.5（10）A，50Hz，6400Imp/kW · h”含义是：220V 指__________、2.5（10）A 指__________、50Hz 指__________。

4. 刀开关在电路中的作用是__________。

5. 熔断器在电路中的作用是__________。

二、实践内容

按照我国电工行业规范与标准，在安装电能表、刀开关和过载保护的条件下，按照参考电路，为你们的教室或者车间增加一个开关控制的白炽灯（或其他 E27 螺口灯具），并能正常安全运行。

1）参考电路图图 6-18，将装配图图 6-19 连接完整。

2）领取适当的材料与工具（表 6-1）。

表 6-1　备料表

材料名称	型号	数量	材料名称	型号	数量

领取人：____________________

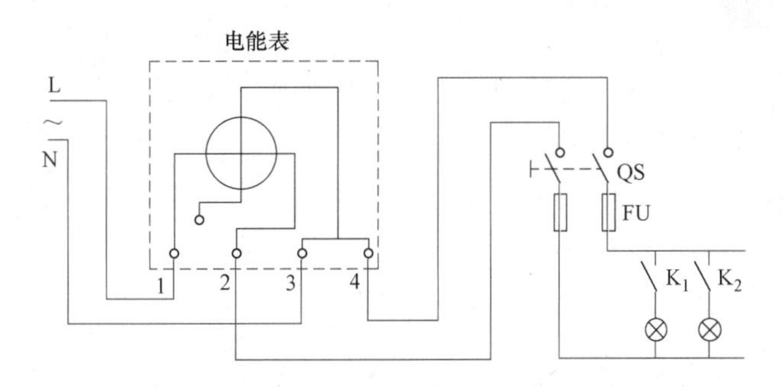

图 6-18 普通室内照明线路图

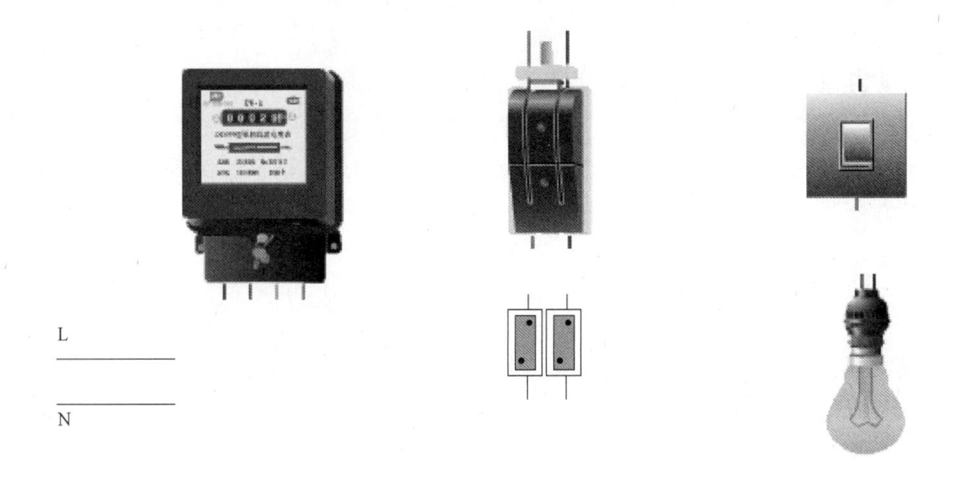

图 6-19 连接装配图

3）根据装配图，在实验板上按以下步骤安装电路：

① 准确判定相线与零线。

② 在装配板上摆放元器件，并固定好。

③ 根据各元器件的连接原则进行连线。

4）对电路进行检测。

① 在断电状态下，拉开双线刀开关，将万用表调至 1k 电阻档，红、黑表笔分别接双线刀开关的负载接线柱。取下白炽灯泡，反复接通、断开开关，观察万用表指针变化。若指针指向“0”或较小的阻值处，说明安装电路中有短路现象，应找出故障予以排除。

② 装上白炽灯泡，反复接通、断开开关，观察万用表指针变化。如果多次拨动开关，表针只转动一次，说明安装有错，多为开关接线错误；不论拨动多少次开关，表针始终不动，这是断路现象，多为接线有误。

③ 确认电能表接线无误。

5）通电实验。征得教师同意后，依次接通电源开关、刀开关和照明开关，观察电路。如果电路不正常，断开电源后进行排查。

检查与评价

课堂学习完成后，根据实践计划到实习场所完成教学实践，填写本次学习任务评价表（见附录 O）和综合能力评价表（见附录 K）。

相关知识

一、交流电路的功率

在 RLC 串联电路中，只有电阻是消耗功率的，而电感和电容都不消耗功率。电路消耗的功率也可以认为是将电能转换为其他形式能量（如机械能、光能、热能）的电功率，称为有功功率，用符号 P 来表示，单位为 W（瓦）。通常所说用电器消耗的功率，例如，3W 的 LED 灯、65W 的电烙铁等都指有功功率。

RLC 串联电路中的有功功率是电阻上所消耗的功率，即

$$P=U_{R}I$$

电感和电容虽然不消耗功率，但与电源之间进行着周期性的能量交换，其最大值称为无功功率，用符号 Q 来表示，单位为 var（乏）。电感和电容的无功功率分别为

$$U_{L}=U_{L}I$$

$$U_{C}=U_{C}I$$

由于电感和电容两端电压是反相的，所以电路的无功功率为 $Q=Q_{L}-Q_{C}$。

电路中电源提供的总功率为视在功率，用符号 S 表示，单位为 V · A（伏安）。它等于总电压和电流有效值的乘积

$$S=UI$$

电路的有功功率 P、无功功率 Q 和视在功率 S 构成一个直角三角形，称为功率三角形，如图 6-20 所示。其大小关系为

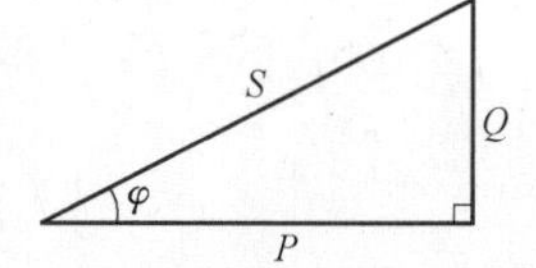

图 6-20 功率三角形

$$S=\sqrt{P^{2}+Q^{2}}=\sqrt{P^{2}+(Q_{L}-Q_{C})^{2}}$$

二、功率因数与无功补偿

有功功率和视在功率的比值称为功率因数，用符号 λ 表示，即

$$\lambda=\frac{P}{S}\cos\varphi$$

功率因数可以衡量电力被有效利用的程度，功率因数越大，代表电路电源利用率越高；功率因数低，说明电路用于交变磁场转换的无功功率大，所以降低了设备的利用率，增加了线路供电损失。

由于电网连接有电动机、变压器等含有大量电感的负载，因而使功率因数降低，所以供电部门要提高电网的功率因数，除了在电网上并联适量的补偿电容器外，也采用动态无功补偿装置，

图 6-21 动态无功自动补偿装置

如图 6-21 所示，它可以有效连续地提高电网的功率因数。

通过对本单元内容的学习，应当知道表征正弦交流电的基本物理量，掌握照明电路的安装和检测方法，认识常见的照明设备。通过这些知识的铺垫，同学们可以多观察家用照明线路和插座等供电线路以及家用配电盒等，与家人一起合理安全地使用交流电，把所学到知识有效应用到生活当中。

单元七 电动门控制

学习目标

电动机是一种应用非常广泛的能够把电能转换成机械能的设备，在使用中经常遇到要求电动机能实现正、反转两个方向的运动。例如，图 7-1 所示的电动门内部安装有电动机，需要能够实现打开和关闭运行控制；其他如机床工作台的前进与后退，电梯的上行和下行等也都是这样的例子。本单元将学习安装可以实现正转和反转的电动机控制电路。

图 7-1 电动门控制

课题一 电动机基础知识

课堂任务

1. 了解三相笼型异步电动机的基本结构。
2. 了解三相笼型异步电动机的铭牌及参数含义。
3. 会判断三相异步电动机星形联结与三角形联结。

实践提示

1. 观察三相笼型异步电动机的结构。
2. 观察电气安装实训室电动机的铭牌参数。

知识学习

电动机是利用电磁感应原理，把电能转换为机械能，拖动生产机械工作的动力机。电动机按所使用的电源相数可分为单相电动机和三相电动机两种。三相笼型异步电动机是交流电动机的一种，又称感应电动机。它具有结构简单、价格低廉、坚固耐用、维修方便等一系列优点，被广泛应用在工业、农业、国防、科研、交通以及人们的日常生活中。本单元重点讲述三相笼型异步电动机的结构、使用及一般的控制方法。

一、三相笼型异步电动机的结构

笼型异步电动机由定子和转子两个基本部分组成，如图 7-2 所示。

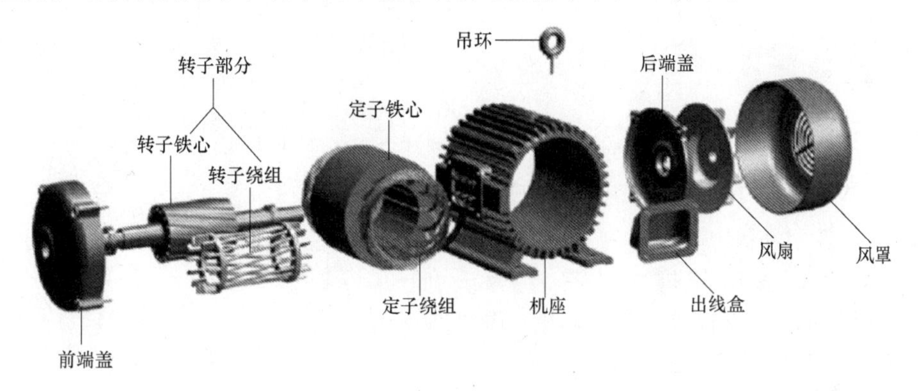

图 7-2　三相笼型异步电动机的结构

1. 定子

定子由定子铁心、定子绕组以及机座、端盖、轴承等组成，其作用是通入三相交流电源时产生旋转磁场。

定子铁心是电动机磁路的一部分。为了减小磁滞损耗和涡流损耗，铁心通常由 0.35～0.50mm 厚的硅钢片叠压而成，硅钢片表面有绝缘漆或氧化膜。定子铁心内圆上均匀分布一定形状的槽，用于嵌入线圈（定子绕组）。整个铁心被固定在机座内。

定子绕组组成电动机的电路部分，它是由若干线圈组成的三相绕组在定子圆周上均匀分布，按一定的空间角度嵌放在定子铁心槽内，每相绕组有两个引出线端，一个是首端，另一个是尾端。三相绕组共有 6 个引出端，其中 3 个首端分别用 U1、V1、W1 表示，三个尾端分别用 U2、V2、W2 表示。

2. 转子

转子主要由转子铁心、转子绕组和轴承组成。其作用是通过磁通，并在定子旋转磁场作用下产生电磁转矩，沿着旋转磁场方向转动，并输出动力带动机械运转。

转子铁心通常采用从定子冲片的内圆冲下来的原料叠压而成，铁心槽内穿入一根根未包绝缘层的铜条，在铁心两端槽的出口处用短路铜环把它们连接起来，这个铜环称为端环。绕组形状像一个笼子，故称为笼型绕组。

二、三相笼型异步电动机的铭牌

每台电动机的机座上都钉有一块铭牌，它简要地标明了该电动机的类型、主要性能、技术指标和使用条件。要正确使用电动机，必须要看懂铭牌。例如，图 7-3 所示为 Y160L-4 型电动机的铭牌。

三相异步电动机					
型号	Y160L－4	功率	15kW	频率	50Hz
电压	380V	电流	30.3A	接法	△
转速	1 440r/min	温升	80℃	绝缘等级	B
工作方式	连续	重量	45kg		
		年　月　日	编号	××电机厂	

图 7-3　Y160L-4 型电动机的铭牌

铭牌中的“型号”表示电动机的品种、规格，由字母和数字组成。图 7-3 中

“Y160L-4”含义为

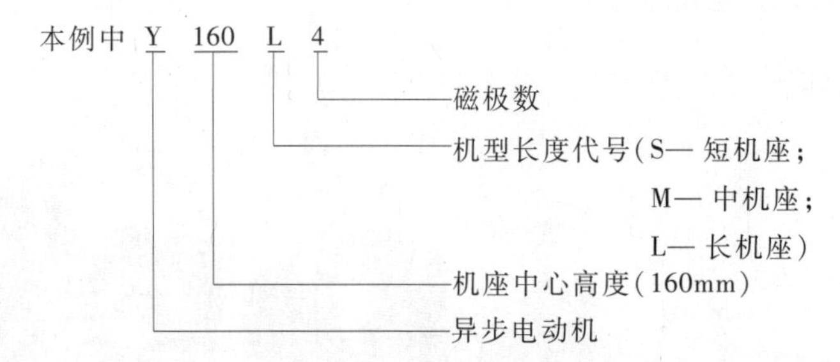

“额定功率”表示电动机在额定工作状态下运行时，允许电动机输出的机械功率，单位为千瓦(kW)。“额定电压”指电动机在额定工作状态下运动时，加在电动机定子绕组上的线电压，单位为伏(V)。“额定电流”指电动机在额定工作状态下运行时，电源输入电动机定子绕组中的线电流，单位为安(A)。“额定频率”指输入电动机交流电的频率，单位是赫兹（Hz）。

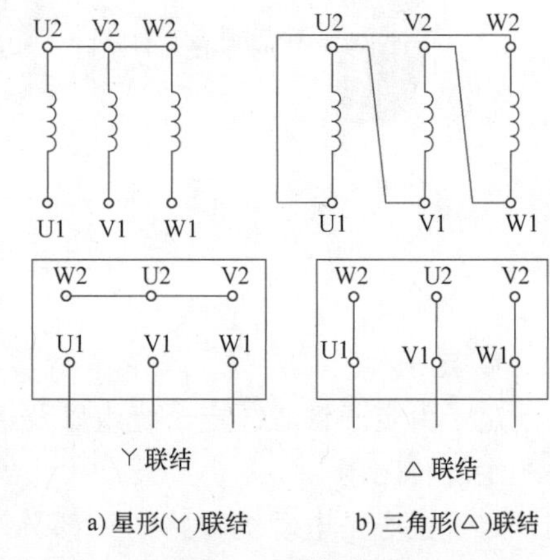

a) 星形(Y)联结　b) 三角形(△)联结

图 7-4　联结方法

“接法”指电动机在额定电压下定子三相绕组的联结方法。三相电动机有两种联结方法：将三相绕组U1、V1、W1接电源，尾端U2、V2、W2连接在一起，称为星形（Y）联结；若将U1接W2、V1接U2、W1接V2，再将这三个交点接到三相电源上，称为三角形（△）联结，如图7-4所示。三相绕组采用不同的接法，其获得的相电压不同，在我国现行的动力供电系统中，绕组三角形联结时每相绕组的电压为380V，绕组星形联结时每相绕组的电压为220V。

“转速”表示电动机在额定运行情况下的转速，单位为转/分（r/min）。

“绝缘等级”表示电动机所用绝缘材料的耐热等级。这些级别为：A级，105℃；E级，120℃；B级，130℃；F级，155℃；H级，180℃。

“温升”表示电动机发热时允许升高的温度。例如，环境温度为40℃，温升为80℃，表明电动机温度不能超过120℃。

“工作方式”也称为定额，分连续运行、短时运行和断续运行三种。连续定额的电动机可按铭牌规定的各项额定值不受时间限制的连续运行；短时定额的电动机只能在规定的持续时间限制内运行，其时间限制有10min、30min、60min、90min四种；断续运行的电动机只能短时输出额定功率，但可多次继续重复起动和运行。

任务准备及实施

根据自己学校的实验设备情况，查阅有关资料，思索实践内容，填写本次实践计划表(见附录A)。

一、应知内容

1. 三相异步电动机绕组做三角形联结和星形联结时的工作电压分别是多少？

2. 三相异步电动机的基本组成部分有哪些？

二、实践内容

1. 观察生活中可能用到的电动机，判断其使用电源类型。

2. 观察实验室电动机的铭牌和接线端，说出该电动机的型号和额定功率，按照铭牌标定的接法，画出接线端的联结方法。

检查与评价

课堂学习完成后，根据实践计划到实习场所完成教学实践，填写本次学习任务评价表（见附录P）。

相关知识

一、电动机的分类

电动机的种类与规格很多，按其电流类型，可分为直流电动机和交流电动机两类；根据电动机的转速变化情况，可分为同步电动机和异步电动机两类。同步电动机指电动机的转速始终保持与交流电源的频率同步，不随所拖动的负载变化，主要用于功率较大且不要求调节转速的机械。异步电动机又可以分为三相异步电动机和单相异步电动机两类，上面章节介绍的三相异步电动机由三相交流电源供电，其结构简单、价格低廉、坚固耐用，在各生产领域都有广泛的使用。单相异步电动机使用单相交流电源，功率一般比较小，主要用于家庭及办公等使用单相交流电的场所，如电扇、洗衣机、空调等电器。

随着科学技术的飞速发展，一些在工作原理、结构、性能或设计都有创新的特种电动机也应用广泛，如伺服电动机 、步进电动机、直线电动机等。

二、直流电动机

直流电动机采用的是直流电源供电，也是由定子和转子两大部分组成。定子部分主要由永久磁铁或通电线圈产生磁场。转子在直流动机中通常称为电枢，其在磁场中受安培力旋转，将电能转换成机械能。为保证转子受持续的同方向的作用力，直流电动机必须加电刷和换向器等专用的换向装置。

直流电动机可以采用改变源电压调速、削弱磁场调速以及电枢回路串接电阻调速等方式改变转速；可以通过改变磁场方向或电枢绕组电流方向实现反转。目前直流电动机在需要调速的领域仍有较多的应用，如起重机械及冶金机械等，但随着变频调速技术的发展，交流电动机调速较为困难的问题逐步突破，直流电动机在电力拖动领域的优势已不明显。不过在由电池供电的微型设备中直流电动机仍有着广泛使用，例如电动玩具等。

三、特种电动机

1. 步进电动机

步进电动机是将电脉冲信号转换为角位移或线位移的控制元件。它的特点是电动机转过的角度或圈数严格地与输入电脉冲数成正比，同时具有快速起动、反转及制动，有较大的调速范围的特点，在数字控制和自动控制系统等领域有着广泛应用。

2. 伺服电动机

伺服电动机的用途与步进电动机相似，但不像步进电动机使用电脉冲信号，而是连续信号。伺服电动机具有响应快速和无自转的特性，与步进电动机相比，优势在于可以通过位置比较电路和速度控制电路来进行位置与速度的检测和调节，从而大大提高控制精度。伺服电动机主要应用在结构较复杂、控制精度要求高的数控设备和自动控制系统，如复印机、雷达天线系统、机器人及飞机等设备。

3. 直线电动机

直线电动机的最大特点是将电能转变为直线运动的机械能，它的工作原理可以看作是将一台普通的旋转异步电动机沿径向剖开，将定子和转子沿圆周展开成直线，由定子转变而来的一边称为初级，由转子转变得到一边称为次级或滑子。直线电动机工作时，滑子沿初级方向做直线运动。直线电动机主要用于要求机械做直线运动的场合，如工业自动控制装置中的执行元件、机械手、自动门等；它在轨道交通运输工具方面也有好的应用前景，如磁悬浮直线电动机车。

课题二　常用低压电器的认识

课堂任务

1. 了解项目所用到的低压电器元件的结构及其工作原理。
2. 了解低压电器元件铭牌参数的含义。

实践提示

在电气安装实训室认识常见低压电器元件，并查看其铭牌参数。

知识学习

本课题需要运用转换开关、熔断器、交流接触器、热继电器、按钮等低压电器。低压电器指工作在交流电压 1200V 或直流电压 1500V 及以下的电器，它对供电、用电系统起到通断、检测、保护或控制的作用。其中熔断器在单元四中已做了详细介绍，在此不再赘述。下面介绍其他几类低压电器的结构组成、工作原理和图形符号说明。

一、转换开关

转换开关又称为组合开关，是刀开关的另一种结构形式，只不过一般刀开关的操作手柄是在垂直于安装面的平面内向上或向下转动，转换开关的操作手柄则是在平行于安装面的平面内向左或向右转动。其外观如图 7-5 所示。转换开关可作为电源引入开关，也可用于不频繁地接通和断开电路，以及控制 5. 5kW 以下的小容量电动机的正反转和星三角起动等。其图形符号如 7-6 所示。

选用转换开关时，应综合考虑用电设备的耐压等级、容量和极数。用于一般照明、电热电路时，其额定电流应稍大于或等于被控电路的负载电流总和；用于控制小型电动机不频繁直接起动时，其额定电流一般是电动机额定电流的 2~3 倍；如果用于控制电动机正反转，在从正转切换到反转的过程中，必须先经过停止位置，等电动机停转后再切换到反转位置。

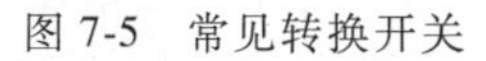

图 7-5 常见转换开关

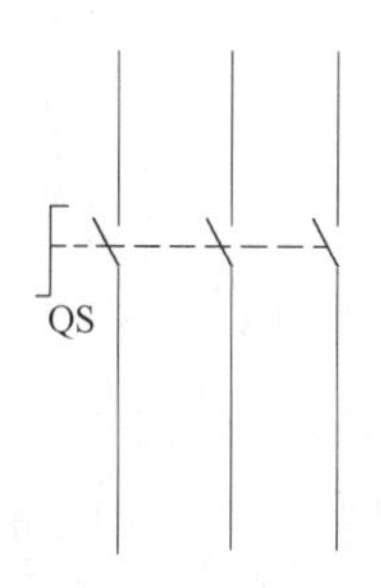

图 7-6 转换开关的图形符号

二、交流接触器

交流接触器是通过电磁机构动作，用来频繁地接通和断开交流电路的自动控制电器，可以实现远距离控制，并具有欠（零）电压保护功能，广泛地应用于电动机、电热设备、小型发电机和电焊机设备。

1. 结构

交流接触器主要由电磁系统、触点系统和灭弧装置组成，其外形和结构如图 7-7 所示，其图形符号如图 7-8 所示。

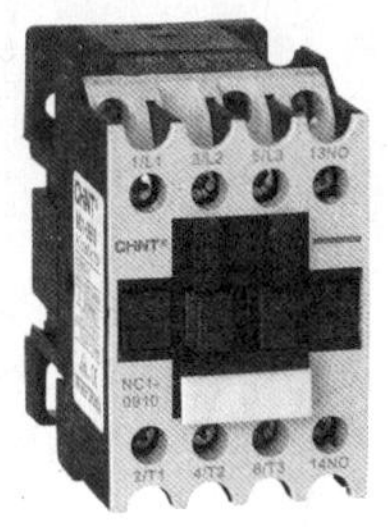

NC1系列交流接触器

CJ10系列交流接触器

CJ20系列交流接触器

a) 交流接触器外形

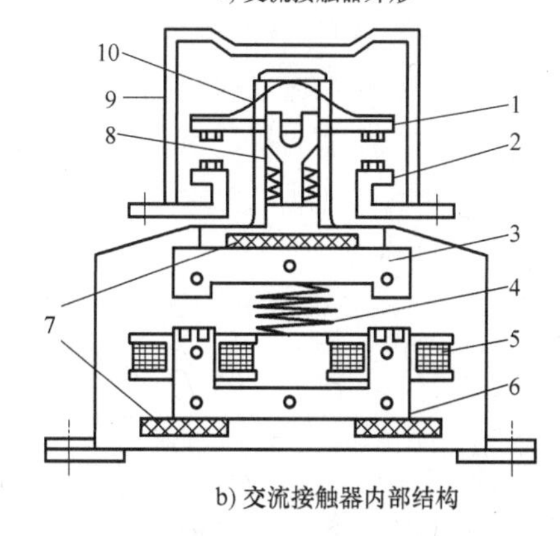

b) 交流接触器内部结构

图 7-7 交流接触器

1—动触点 2—静触点 3—衔铁 4—缓冲弹簧 5—电磁线圈 6—铁心
7—垫毡 8—触点弹簧 9—灭弧罩 10—触点压力簧片

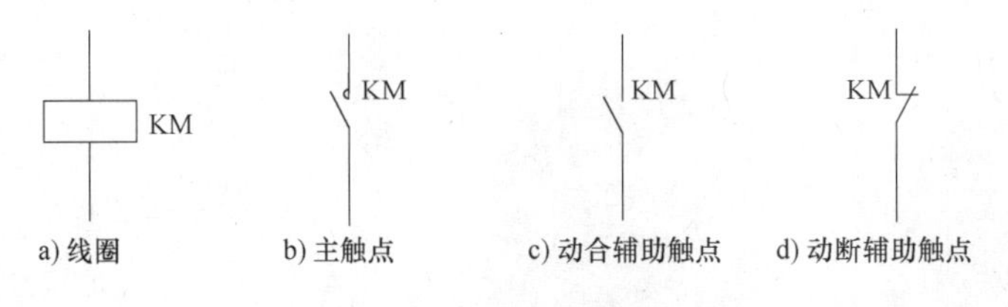

图 7-8 交流接触器图形符号

电磁机构主要由电磁线圈、铁心和衔铁组成，电磁线圈通电时产生磁场，使铁心、衔铁磁化而相互吸引，从而带动触点动作。

触点是接触器的执行元件，用于接通或断开被控电路。触点系统分为主触点和辅助触点两类。主触点用于接通和分断主电路；辅助触点用于接通和分断二次电路，还能起到自锁和联锁等作用。

交流接触器在分断较大电流电路时，触点之间将产生电弧，电弧的出现既妨碍电路的正常分断，又会灼伤触点，严重时还会造成相间短路。因此在大容量电气装置中，均加装灭弧装置用以熄灭电弧。

2. 工作原理

当交流电通过交流接触器的线圈后，线圈电流产生磁场，使静铁心产生电磁吸力吸引衔铁，而衔铁克服弹簧的反作用力带动动触点移向铁心，使动断触点断开、动合触点闭合。于是，主触点接通主电路，动合辅助触点接通有关二次电路，动断辅助触点分断相关的二次电路。

当线圈失电或线圈两端电压显著降低时，电磁吸力小于弹簧反力，使得衔铁释放，触点机构复位。

3. 选用

选用交流接触器时，交流接触器工作电压不得低于被控制电路的最高电压，主触点额定电流应大于被控制电路的最大工作电流；用于控制可逆运转或频繁起动的电动机时，交流接触器要增大一至二级使用。交流接触器电磁线圈的额定电压应与被控制辅助电路电压一致。

三、热继电器

在三相异步电动机的运行过程中，常常遇到过载情况。只要过载不严重，时间较短，温升不超过容许值，电动机仍能正常工作。若电动机过载严重，长时间运行后绕组温升过高，就会加速电动机绝缘老化过程，甚至会导致电动机绕组烧毁。因此，连续工作制的电动机工作时需要有过载保护。

1. 结构

热继电器主要由热元件、双金属片、触点和导板组成。其外形和内部结构如图 7-9 所示。

2. 工作原理

热继电器是利用电流的热效应对电动机和其他用电设备进行过载保护的控制电器，热继电器的动断触点串联在被保护的二次电路中，它的热元件由发热电阻丝做成，靠近热元件的双金属片是用两种热膨胀系数不同的金属片叠加而成的。热元件串接在电动机定子绕组中。

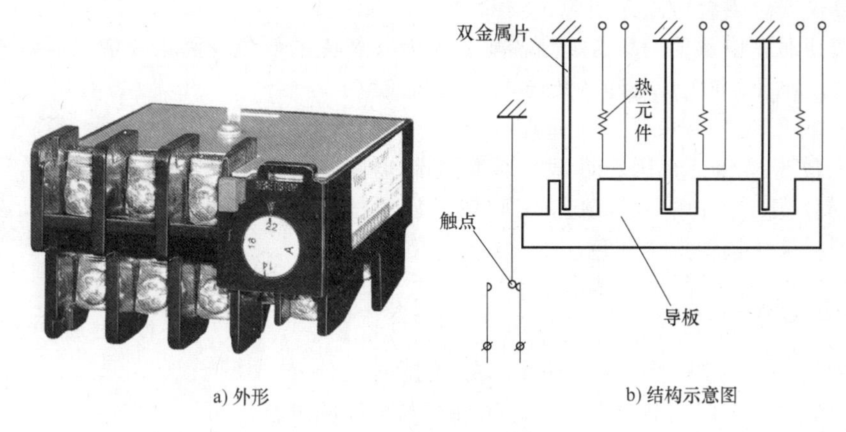

图 7-9　热继电器的结构

当电路正常工作时，热继电器处于正常工作状态使线路导通；一旦电路过载，流过热元件的电流增大，热元件产生的热量增加，使双金属片产生的弯曲位移增大，推动导板将触点分开，以切断电路保护电动机。其图形符号如图 7-10 所示。

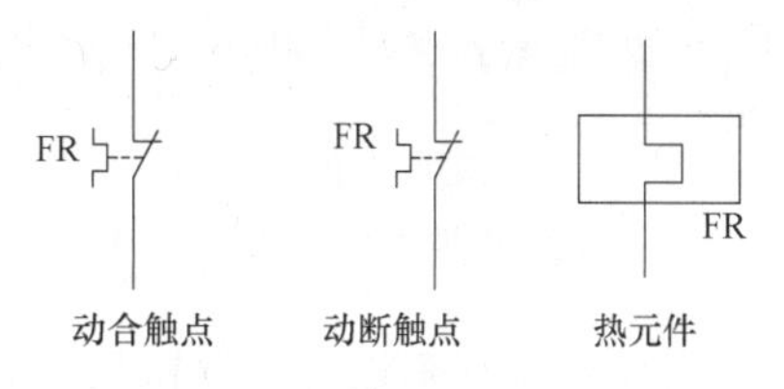

图 7-10　热继电器图形符号

3. 选用

热继电器有二相保护式和三相保护式两类。对于三相电压和三相负载平衡的电路，可用二相保护式热继电器；对于三相电源严重不平衡，或三相负载严重不对称的场合只能用三相保护式热继电器。

热继电器的整定电流是指热继电器长期运行而不动作的最大电流。整定电流的调整可通过旋转外壳上方的旋钮完成，通常只要负载电流超过整定电流的 1.2 倍，热继电器即动作。

四、按钮

按钮又称为控制按钮，在低压控制电路中，用于发出手动控制信号及远距离控制，只能短时接通、分断 5A 以下的小电流电路。按钮由按钮帽、复位弹簧、桥式触点和外壳组成，其结构及图形符号如图 7-11 所示。按钮在外力作用下，首先断开动断触点，然后再接通动

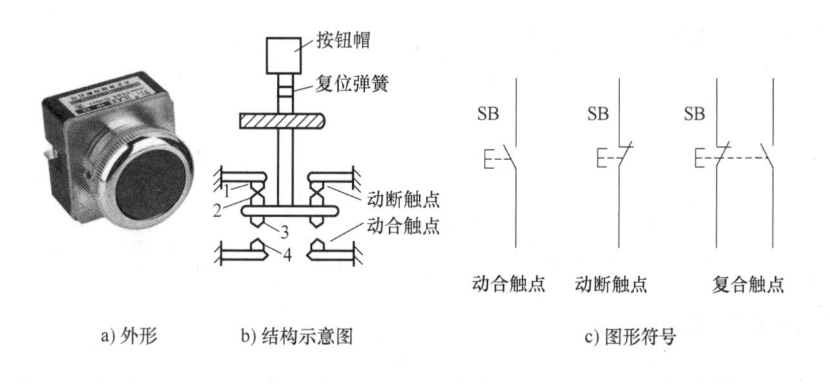

图 7-11　按钮结构及图形符号

合触点。复位时，动合触点先断开，动断触点后闭合。

选用按钮时，应从使用场合、所需触点数及按钮帽的颜色等因素考虑。通常所选用的规格为交流额定电压500V、允许持续电流5A；嵌装在操作面板上的按钮采用开启式，而在非常重要处为防止无关人员误操作，宜用钥匙式；根据控制电路的需要选择使用单按钮、双联钮和三联钮；启动按钮选用绿色，停止按钮选用红色。

五、接线排

图 7-12 接线排的外形结构

接线排的外形结构如图7-12所示。接线排的上下触点是同电位的，即相互连通，它起到硬线与软线的过渡作用。

任务准备及实施

根据自己学校的实验设备情况，查阅有关资料，思索实践内容，填写本次实践计划表（见附录A）。

一、应知内容

1. 交流接触器的选用原则是什么？
2. 选用热断电器需要注意哪些事项？

二、实践内容

1）在实训室内观察常见低压电器的外观与结构。
2）练习拆装按钮等部分低压电器。

检查与评价

课堂学习完成后，根据实践计划到实习场所完成教学实践，填写本次学习任务评价表（见附录Q）。

相关知识

一、电器的分类

电器按工作电压等级可分为高压电器和低压电器，低压电器用于交流电压1200V、直流电压1500V以下的电路。电器按用途可分为配电电器和控制电器，配电电器主要用于供配电系统中实现对电能的输送、分配和保护，例如刀开关、熔断器，除此之外还有断路器和保护继电器等；控制电器主要用于设备控制系统中对设备进行控制、检测和保护，例如交流接触器、按钮和热继电器，还有行程开关、起动器和电磁阀等。

二、低压断路器

低压断路器也称自动空气开关，它不但可以分合电路，而且可以对电路或用电设备实现过载、短路和欠电压保护，是一种重要的控制和保护电器。

三、主令电器

主令电器用于切换控制电路，命令控制对象启动、停止等，按钮就是其中典型的一种，除此之外还有行程开关、接近开关等。

四、继电器

继电器的种类很多，按反映信号的不同可分为电磁式继电器、热继电器、速度继电器和压力继电器等。

课题三　三相异步电动机的正反转控制

课堂任务

1. 掌握三相异步电动机正反转控制电路的工作原理。
2. 能够根据电气控制原理图正确接线并调试电路，最终完成任务。

实践提示

在电气安装实训室认真完成接线及调试任务，最终实现三相异步电动机的正反转控制任务。

知识学习

一、三相异步电动机的正反转控制原理

1. 直接起动

额定电压直接加到电动机的定子绕组上而使电动机起动的过程称为直接起动或全压起动。直接起动是一种简单、可靠、经济的方法。但是，直接起动电流可达电动机额定电流的4~7倍，过大的起动电流不仅对电动机自身有较大的冲击，还会造成电网电压显著下降，影响同一电网中其他电动机的正常工作，甚至会导致它们停止转动或无法起动。因此，采用直接起动的电动机容量一般小于10kW。

2. 反转

异步电动机的旋转方向与旋转磁场的旋转方向一致，要使电动机反转只需使旋转磁场反转，为此，只要将电源三相线中任意两根对调即可。图7-13是电动机正反转控制的原理图。

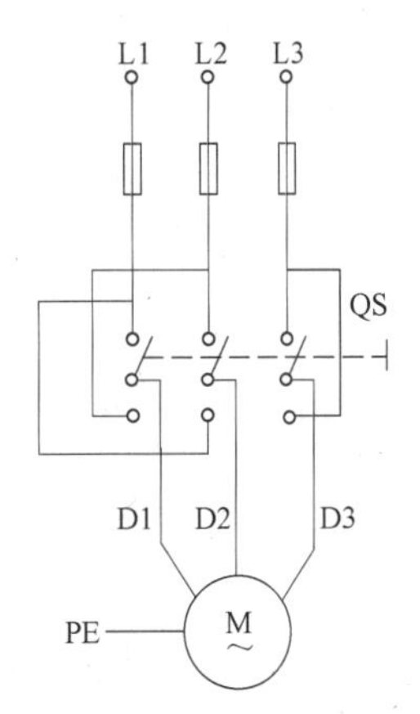

图7-13　电动机正反转控制的原理图

当QS的触点往上接通，电动机与电源的连接相序为L1—D1、L2—D2、L3—D3，电动机正转运行；当QS的触点往下接通时，电动机与电源的连接相序为L1—D2、L2—D1、L3—D3，电动机反转运行。应当注意的是，当电动机处于正转状态时，要使它反转，断开QS之前要先断开电源，使电动机停转，然后将开关向下接通，

使电动机反转。切不可不停顿地将开关从上直接切换到下的位置，这样会使电动机定子绕组中产生较大的电流，造成电动机定子绕组过热而损坏。

二、三相异步电动机的正反转控制

电动门控制电路实质上是电动机正反转控制电路，如图 7-14 所示，主回路由接触器 KM1 和 KM2 的主触点来改变电源的相序，实现电动机的正反转。在控制回路中，SB1、SB2 作为正、反转启动按钮。在按钮 SB1、SB2 的两端分别并联接触器 KM1、KM2 的动合辅助触点，形成“自锁”控制，保证在松开启动按钮时，接触器线圈仍能持续得电，从而电动机可以持续运转。

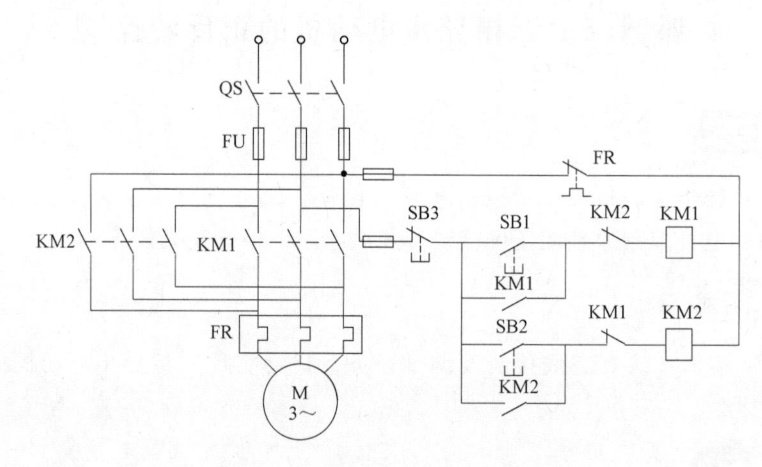

图 7-14　电动机正反转控制电路

当正、反转接触器 KM1、KM2 线圈同时通电时，将造成电源短路，引起事故。为此，分别在正转和反转控制电路中串接了对方接触器的动断触点，形成相互制约的控制，从而避免发生电源短路，这种互相制约的控制关系称为“互锁”，又称“联锁”。图 7-15 所示为接触器联锁正反转控制电路。其工作原理如下，合上电源开关 QS：

正转：按下按钮 SB1，接触器 KM1 线圈通电，其主触点闭合，自锁动合触点闭合使 KM1 持续得电，互锁动断触点断开以切断反转控制电路，电动机 M 正转。

停转：按下按钮 SB3，接触器 KM1 线圈断电，其主触点断开，自锁动合触点断开，互锁动断触点闭合为接通反转控制电路做好准备，电动机 M 停转。

反转：按下按钮 SB2，接触器 KM2 线圈通电，其主触点闭合，自锁动合触点闭合使 KM2 持续得电，互锁动断触点断开以切断正转控制电路，电动机 M 反转。

任务准备及实施

根据自己学校的实验设备情况，查阅有关资料，思索实践内容，填写本次实践计划表（见附录 A）。

安装一电动机控制电路，实现以下功能：当按下正转按钮 SB1 时，电动机正转，电动门打开；按下停止按钮 SB3 时，电动门停止；按下反转按钮 SB2 时，电动机反转，电动门关闭。电动机为三相异步电动机（额定电压 380V，额定功率 4kW）。

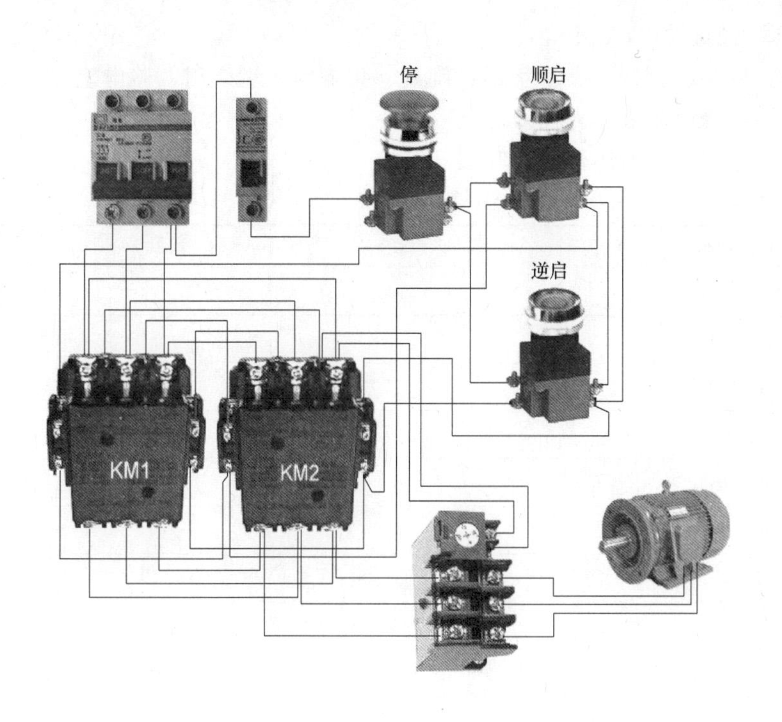

图 7-15 接触器联锁正反转控制电路

一、应知内容

1. HZ 系列组合开关又称____________________，可用于不频繁地接通和切断用电设备或三相异步电动机。

2. 交流接触器主要由________、________、________三大部分组成，其主触点应接在________中，辅助触点应接在________中。主触点的额定电压、电流应________负载的额定电压、电流。线圈的额定电压、电流应与________的电压相同。

3. 热继电器的热元件应串接在电动机的________________，其动断触点应串接在________________中。

4. 启动按钮选用________触点，且一般为________色；停止按钮选用________触点，且一般为________色。

5. 反转控制就是把接入电动机三相电源进线中的任意两相____________就可实现。

6. 电动机正反转控制时，为避免接触器同时通电引发短路事故，电路采取____________控制。

7. 操作接触器联锁正反转控制电路时，要使电动机从正转变为反转，正确的操作方法是______________________________。

二、实践内容

步骤如下：选用元器件及导线→检查元器件→固定安装→布线连接→自检→交验→通电试车→现场整理。

1. 领取适当的材料与工具

1）工具：一字螺钉旋具、十字螺钉旋具、尖嘴钳、剥线钳、验电笔。

2）仪表：绝缘电阻表、万用表。

3）器材：根据实训所用器材填写表 7-1。

表 7-1 备料表

材料名称	型号规格	数量	是否合用
三相异步电动机			
组合开关			
主电路熔断器			
控制电路熔断器			
接触器			
热继电器			
按钮			
接线端子排			
主电路导线			
控制电路导线			
接地线			
螺钉及安装板			

领取人：________

线路安装前应按照下列项仔细检查所选用的器材：

1）检查各电气元器件的技术数据（型号、规格、额定电压、额定电流等）是否符合要求，备件、附件是否完好。

2）检查元器件的电磁机构动作是否灵活，有无衔铁卡阻等不正常现象，用万用表检查电磁线圈的通断情况以及各触点的分合情况。

3）对电动机的质量进行常规检查，包括：外表及机械部分；定子绕组直流电阻；定子绕组间及对地绝缘情况等。

2. 固定安装与布线

参照图 7-14 进行布线安装，电气安装与硬线布线时应遵循以下原则：

1）各元器件排列应整齐、匀称、间距合理，考虑到元器件的更换、散热、安全和导线固定排列的要求，一般元器件的左右间距为 50mm 左右，上下间距为 100mm 左右。

2）布线应横平竖直，贴板进行，不得长距离架空走线，变换走向时应垂直。

3）布线通道尽可能少，同路并行导线按主电、控制电路分类集中，单层密排。

4）布线时严禁损伤线芯和导线绝缘。

5）导线与接线端子或接线桩连接时，不得压绝缘层、不反圈、不露铜过长。

6）同一元器件、同一回路的不同接点的导线间距离应保持一致。

7）一个电气元器件接线端子上的连接导线不得多于两根，每节接线端子板上的连接导线一般只允许连接一根。

3. 自检

在断电状态下，对新装电路进行自我检测。

1）对照电路图逐段核对接线是否正确，有无漏接、错接等现象，检查导线接点是否符合要求，压接是否牢固。

2）用万用表检查线路的通断情况。检查时，选用较低倍率的电阻档，并进行调零。首先检查主电路有无开路或短路现象，可用手动来代替接触器通电进行检查。然后断开主电路，对控制电路进行进行检查，将表笔分别搭在控制电路电源进线端，读数应为“∞”；按下启动按钮时，读数应为接触器线圈的直流电阻值。

4. 交验与试车

1）通电试车前，必须征得实训指导教师的同意，由教师接通三相电源，并在现场监护。

2）如果电路不正常，应断开电源，重新检查直到正常为止。若需带电进行检查，指导教师必须在现场监护。记录调试过程并填写表7-2。

表7-2 调试记录单

任务名称	三相异步电动机正反转控制电路安装与调试		
检验负责人		装配工	
故障现象描述			
调试情况说明			

3）电路运行正常后，按照表7-3提示内容进行操作，观察并记录现象。

表7-3 通电试车表

步骤	操作内容	观察内容	观察情况
1	合上电源开关	已供电,注意安全	
2	按下正向启动按钮 SB2 再松开	接触器 KM1	
		电动机	
3	按下停止按钮 SB1 再松开	接触器 KM1	
		电动机	
4	按下反向启动按钮 SB3 再松开	接触器 KM2	
		电动机	
5	按下停止按钮 SB1 再松开	接触器 KM2	
		电动机	
6	按下正向启动按钮 SB2 再松开	接触器 KM1	
		电动机	
7	按下反向启动按钮 SB3 再松开	接触器 KM1	
		接触器 KM2	
		电动机	
8	按下停止按钮 SB1,断开电源开关	注意断电顺序	

电动机能否直接从正转切换到反转？原因是______________________

反复操作几次，体验电动机正反转操作的内涵，体会互锁的控制理念。

检查与评价

课堂学习完成后，根据实践计划到实习场所完成教学实践，填写本次学习任务评价表（见附录R）和综合能力评价表（见附录K）。

总结提高

通过对本单元内容的学习，我们认识了电动机，了解电动机的基本参数和联结方式，认识了常见低压电器，并学会了三相异步电动机的接触器联锁正反转控制。三相异步电动机在实际生产中的应用是非常广泛的，控制线路也是多种多样，实现的功能也各不相同。随着电子技术发展，在电动机控制系统中采用各种先进的控制器件和控制方法，例如可编程序控制器（PLC），通过编程可以方便地改变控制功能，而不需要重新配线，现已广泛应用于工业自动化的各个领域。

单元八

普通机床控制电路

学习目标

通过本单元的学习，了解普通车床、钻床、磨床等电气控制线路的原理，掌握它们的安装、调试及故障检修办法。

课题一　普通车床电气控制

课堂任务

1. 了解普通车床的结构。
2. 了解普通车床的电力拖动特点及控制要求。
3. 了解普通车床电气控制线路。

实践提示

1. 参观学校车间 CA6140 型普通车床，了解其功能作用。
2. 掌握 CA6140 型普通车床电气控制线路的安装与调试。

知识学习

CA6140 型普通车床是一种应用较多的金属切削机床，如图 8-1 所示，它能够车削外圆、内圆、端面、螺纹以及车削成形面，其主要的运动有卡盘的旋转运动，刀架的直线运动。

图 8-1　CA6140 型普通车床

一、CA6140型普通车床的结构

1. 代号含义

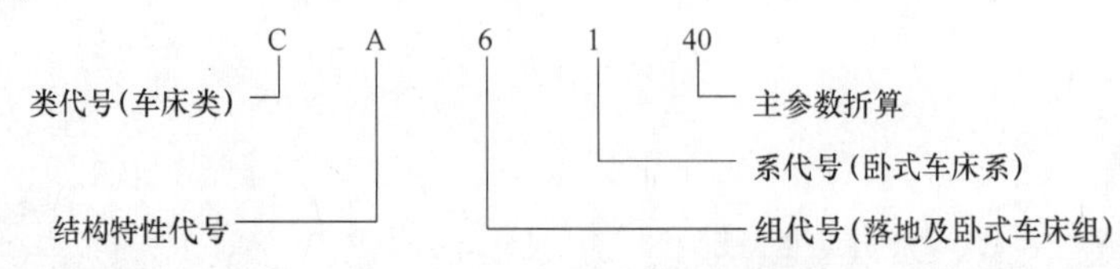

2. 主要结构及运动形式

(1) 主要结构　图8-2所示为CA6140型普通车床的外形图，它主要由床身、主轴箱、进给箱、溜板箱、刀架、丝杠、光杠、刀架、尾座等组成。

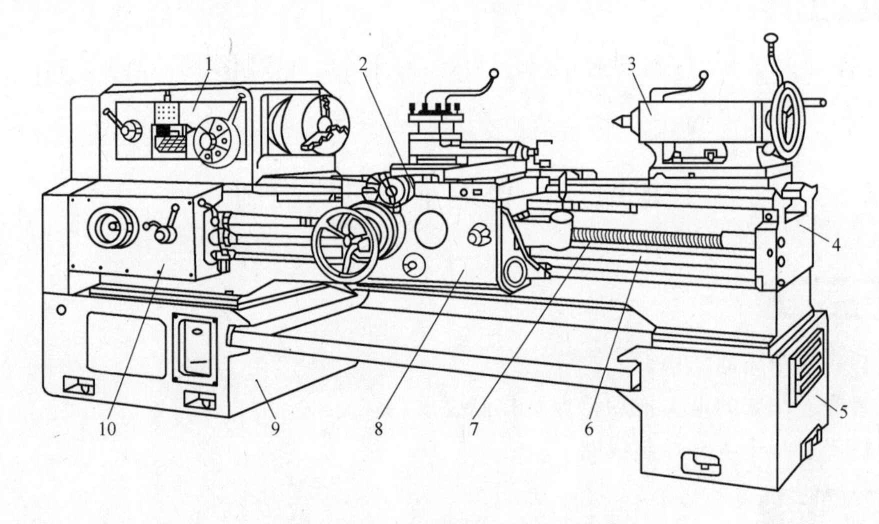

图8-2　CA6140型普通车床的外形图

1—主轴箱　2—刀架　3—尾座　4—床身　5、9—床腿

6—光杠　7—丝杠　8—溜板箱　10—进给箱

(2) 运动形式　CA6140型普通车床的运动形式见表8-1。

表8-1　CA6140型普通车床的运动形式

运动形式	说　明
切削运动	工件的旋转运动和刀具的直线进给运动
进给运动	刀架带动刀具的直线运动(纵向或横向进给)
辅助运动	其他必需的运动,如尾架的纵向移动、工件的夹紧与放松等

二、电力拖动的控制要求

CA6140型普通车床的电力拖动特点及控制要求见表8-2。

三、电气控制线路

1. CA6140型普通车床电气控制线路的识读

CA6140型普通车床电气控制线路图如图8-3所示。

表 8-2　CA6140 型普通车床的电力拖动特点及控制要求

特点	控制要求
多运动部件	采用三台三相笼型异步电动机进行拖动
用齿轮箱进行调速	采用机械有级调速，主驱动电动机通过 V 带将动力传递到主轴箱
主轴正反转	采用摩擦离合器实现主轴正反转控制
刀具和工件发热	采用冷却泵电动机及时提供切削液。主轴电动机起动后，才能决定冷却泵的开动与否；当主轴电动机停止时，冷却泵应停止
保护功能	电气线路中采用过载、短路、欠电压和失电压保护
照明	采用安全的局部照明装置

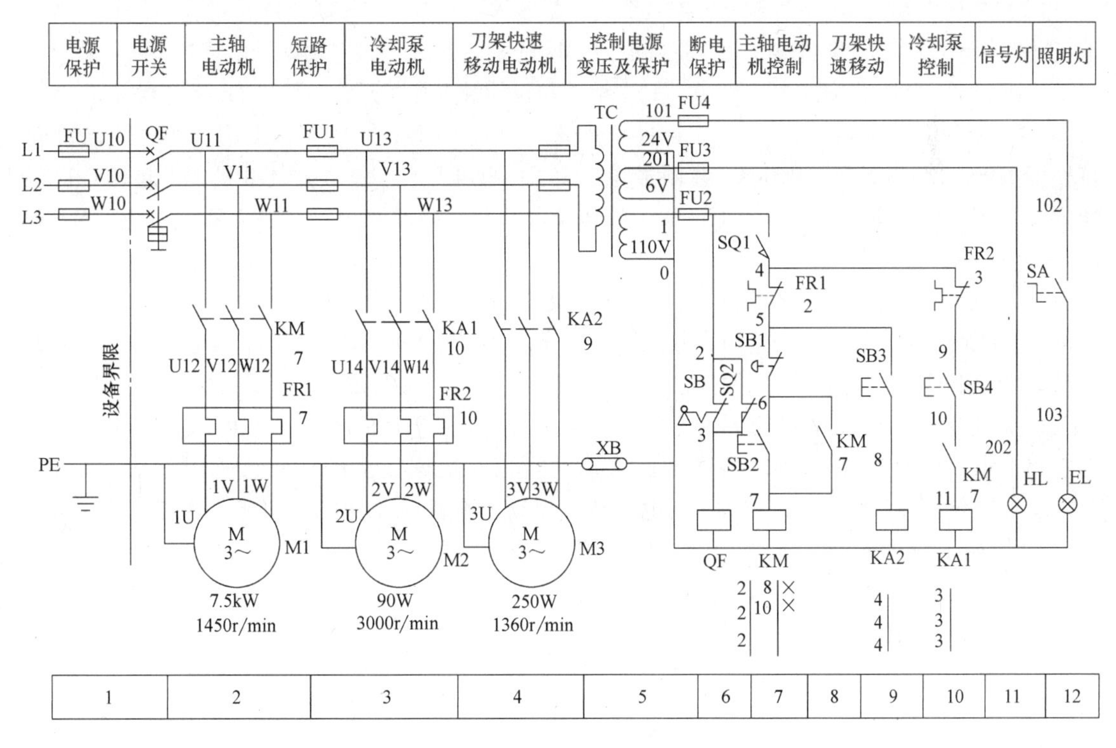

图 8-3　CA6140 型普通车床电气控制线路图

2. 主电路

CA6140 型普通车床的主电路中共有三台电动机，各电动机的作用及控制元件见表 8-3。

表 8-3　CA6140 型普通车床各电动机的作用及控制元件

电动机名称	作用及控制元件
主轴电动机 M1	带动主轴旋转和刀架做进给运动，由接触器 KM 控制，热继电器 FR1 做过载保护，KM 同时做失压、欠压保护，FU 及断路器 QF 做短路保护
冷却泵电动机 M2	输送切削液，由中间继电器 KA1 控制，热继电器 FR2 做过载保护，FU1 做短路保护
刀架快速移动电动机 M3	拖动刀架快速移动，由中间继电器 KA2 控制。由于刀架的快速移动是非持续性的，所以采用点动控制，未设过载保护。FU1 兼做短路保护

3. 控制电路

控制电路的供电电压是 127V，通过控制变压器 TC 将 380V 的电压降压以得到 127V。控制变压器的一次电压由 FU1 作为短路保护，二次电压由 FU2、FU3、FU4 分别作为短路保护，如图 8-3 所示。

（1）电源开关的控制　电源开关是带有开关锁 SA2 的低压断路器 QF，当要合上电源开关时，首先用钥匙开关将开关锁 SB 右旋，再扳动断路器 QF 将其合上；若用钥匙开关将开关锁 SB 左旋，其触点闭合，QF 线圈通电，断路器 QF 将自动跳开；若出现误操作将 QF 合上，QF 将在 0.1s 内再次自动跳闸。

由于机床的电源开关采用钥匙开关，接通电源时先用钥匙打开开关锁，再合上断路器，增加了安全性，同时在机床控制配电盘的壁龛门上装有安全行程开关 SQ2，当打开配电盘壁龛门时，行程开关的触点 SQ2 闭合，QF 线圈通电，QF 随后自动跳闸，断开机床的电源，以确保人身安全。

（2）主轴电动机 M1 的控制　SB1 是红色蘑菇形的停止按钮，SB2 是绿色的起动按钮。按一下启动按钮 SB2，KM1 线圈通电吸合并自锁，KM1 的主触点闭合，主轴电动机 M1 起动运转。按一下按钮 SB1，接触器 KM1 断电释放，其主触点和自锁触点都断开，电动机 M1 断电停止运行。

（3）冷却泵电动机的控制　当主轴电动机起动后，KM1 的动合触点闭合，这时若旋转转换开关 SB4 使其闭合，则 KA1 线圈通电，其主触点闭合，冷却泵电动机 M2 起动，提供切削液。当主轴电动机 M1 停车时，KM 动合触点断开，冷却泵电动机 M2 随即停止。M1 和 M2 之间存在联锁关系。

（4）快速移动电动机 M3 的控制　快速移动电动机 M3 是由接触器 KA2 进行点动控制。按一下按钮 SB3，接触器 KA2 线圈通电，其主触点闭合，电动机 M3 起动，拖动刀架快速移动；松开 SB3，M3 停止运行。快速移动的方向通过装在溜板箱上的十字手柄扳到所需要的方向来控制。

（5）机床床头传动带罩处的安全开关 SQ1　当装好传动带罩时，SQ1（1-2）闭合，控制电路有电，电动机 M1、M2、M3 才能起动。当打开机床床头的传动带罩时，SQ1（1-2）断开，使接触器 KM1、KM2、KM3 断电释放，电动机全部停止运行，以确保人身安全。

4. 照明、信号电路

控制变压器 TC 的二次侧输出 24V 和 6V 电压，作为车床低压照明和信号灯电源。其中 EL 为车床的低压照明灯，由开关 SA 控制，FU4 作为短路保护；HL 为电源信号灯，由 FU3 作为短路保护。

四、CA6140 型普通车床常见电气故障分析与检修方法

1. 用电压测量法检修电路故障（表 8-4）

表 8-4　用电压测量法检修故障

故障现象	测量线路及状态	5-6	6-7	7-0	故障点	排除方法
按下 SB2 时，KM 不吸合，按下 SB3 时，KA2 吸合	按下 SB2 不放	110V	0	0	SB1 接触不良或接线脱落	更换 SB1 或将脱落线接好
		0	110V	0	SB2 接触不良或接线脱落	更换 SB2 或将脱落线接好
		0	0	110V	KM 线圈开路或接线脱落	更换线圈或将脱落线接好

2. CA6140 型普通车床其他常见电气故障的检修（表 8-5）

表 8-5 其他常见故障检修

故障现象	故障原因	处理方法
主轴电动机 M1 起动后不能自锁，即按下 SB2、M1 起动运转，松开 SB2、M1 随之停止	接触器 KM 的自锁触点接触不良或连接导线松脱	合上 QF，测 KM 自锁触点（6-7）两端的电压，若电压正常，故障是自锁触点接触不良；若无电压，故障是连线（6-7）断线或松脱
主轴电动机 M1 不能停止	KM 主触点熔焊；停止按钮 SB1 被击穿或线路中 5、6 两点连接导线短路；KM 铁心端面被油垢粘牢不能脱开	断开 QF，若 KM 释放，说明故障是停止按钮 SB1 被击穿或导线短路；若 KM 过一段时间释放，则故障为铁心端面被油垢粘牢
主轴电动机运行中停车	热继电器 FR1 动作	找出 FR1 动作的原因，排除后使其复位
照明灯 EL 不亮	灯泡损坏；FU4 熔断；SA 触点接触不良；TC 二次绕组断线或接头松脱；灯泡与灯头接触不良等	可根据具体情况采取相应的措施修复

任务准备及实施

根据自己学校的实验设备情况，查阅有关资料，思索实践内容，填写本次实践计划表（见附录 A）。

一、应知内容

1. CA6140 型普通车床卡盘或顶尖带动工件的__________，即车床主轴的运动；溜板带动刀架的__________，称为进给运动。

2. CA6140 型普通车床具有__________保护、__________保护、__________保护和__________保护功能。

3. 控制变压器 TC 的二次侧输出________和________电压，作为车床低压照明和信号灯电源。

4. CA6140 型普通车床的主轴电动机起动后不能自锁，故障的原因是__________接触不良或连接导线____________________。

5. CA6140 型普通车床的主轴电动机的过载保护是由______________承担的。

6. 在 CA6140 型普通车床电气控制线路中，如果 KM 主触点熔焊，则可能出现的故障是________________。

二、实践内容

某 CA6140 型普通车床主轴电动机停车失控，对它进行检修。

检查与评价

课堂学习完成后，根据实践计划到实习场所完成教学实践，填写本次学习任务评价表（见附录 S）。

相关知识

车床诞生记

早在古埃及时代，人们已经发明了将木材绕着它的中心轴旋转时用刀具进行车削的技术。起初，人们是用2根立木作为支架，架起要车削的木材，利用树枝的弹力把绳索卷到木材上，拉动绳子转动木材，用刀具进行车削。这种古老的方法逐渐演化，发展成了在滑轮上绕两三圈绳子，绳子架在弯成弓形的弹性杆上，来回推拉弓使加工物体旋转从而进行车削，这便是“弓车床”。

到了中世纪，有人设计出了用脚踏板旋转曲轴并带动飞轮，再传动到主轴使其旋转的“脚踏车床”。16世纪中叶，法国有一个名为贝松的设计师设计了一种用螺纹丝杠使刀具滑动的车螺钉用的车床，但这种车床并没有推广使用。到了18世纪，又有人设计了一种用脚踏板和连杆旋转曲轴，可以把转动动能贮存在飞轮上的车床上，并从直接旋转工件发展到了旋转主轴箱。主轴箱是用于夹持工件的卡盘。

在发明车床的故事中，最引人注目的是一个名为莫兹利的英国人，他于1797年发明了刀架车床，这种车床带有精密的导向螺杆和可互换的齿轮。莫兹利生于1771年，18岁的时候，他是发明家布拉默的得力助手。据说，布拉默原先一直是干农活的，16岁那年因一次事故致使右踝伤残，才不得不改行从事机动性不强的木工活。莫兹利开始帮助布拉默设计水压机和其他机械，直到26岁才离开布拉默。就在莫兹利离开布拉默的那一年，莫兹利制造成了第一台螺纹车床，这是一台全金属的车床，有能够沿着2根平行导轨移动的刀具座和尾座。导轨的导向面是三角形的，在主轴旋转时带动丝杠使刀具架横向移动。这是近代车床所具有的主要机构，用这种车床可以车制任意节距的金属螺钉。

3年以后，莫兹利在他自己的车间里制造了一台更加完善的车床，上面的齿轮可以互相更换。不久，更大型的车床也问世了，为蒸汽机和其他机械的发明立下了汗马功劳。

总结提高

1. CA6140型普通车床主要由床身、主轴箱、进给箱、溜板箱、刀架、丝杠、光杠、刀架、尾座等组成。

2. 控制电路包括电源开关的控制；主轴电动机M1的控制；冷却泵电动机的控制；快速移动电动机M3的控制；机床床头传动带罩处的安全开关SQ1。

3. CA6140型普通车床常用电压测量法检修电路故障。

课题二　钻床电气控制

课堂任务

1. 了解Z35型摇臂钻床的结构特点及工作特点。

2. 熟悉 Z35 型摇臂钻床的基本操作方法。

3. 掌握 Z35 型摇臂钻床的电路工作原理。

实践提示

1. 参观学校车间 Z35 型摇臂钻床，了解其功能作用。

2. 掌握 Z35 型摇臂钻床电气控制线路的安装与调试。

知识学习

一、Z35 型摇臂钻床的运动形式和电气控制要求

1. Z35 型摇臂钻床的主要结构

摇臂钻床主要由底座、内立柱、摇臂、主轴箱及工作台等部分组成。内力柱固定在底座的一端，在它的外面套有外立柱，外立柱可绕内立柱回转 360°。摇臂的一端为套筒，它套装在外立柱做上下移动，由于丝杠与外立柱连接在一起，升降螺母固定在摇臂上，因此摇臂不能使外立柱转动，只能与外立柱一起绕内立柱来回转动。主轴箱是一个复合部件，由主传动电动机、主轴和主轴传动机构、进给和变速机构、机床的操作机构等部分组成。主轴箱安装在摇臂上的水平导轨上，通过手轮操作使其在水平导轨上沿摇臂移动，如图 8-4 所示。

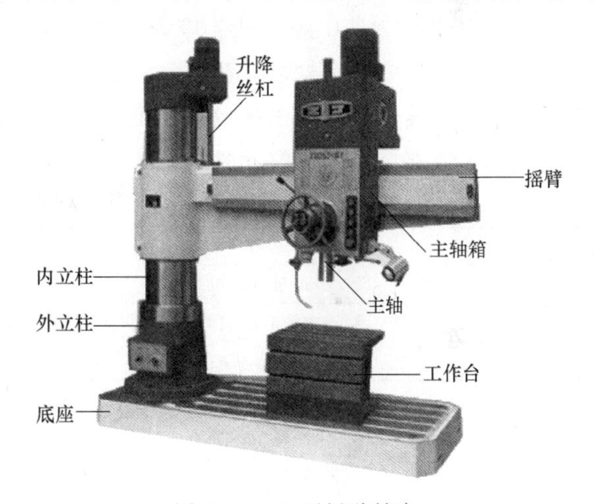

图 8-4 Z35 型摇臂钻床

2. Z35 型摇臂钻床的运动形式

当进行加工时，由特殊的加紧装置将主轴箱紧固在摇臂的轨道上，而外立柱紧固在内立柱上，摇臂紧固在外立柱上，然后一方面进行钻削加工一方面进行纵向进给，其运动形式为：

1）主运动：摇臂钻床的主运动为主轴的旋转运动。

2）进给运动：进给运动为主轴的纵向进给运动。

3）辅助运动：摇臂沿外立柱垂直移动，主轴箱沿摇臂长度方向移动，摇臂与外立柱一起绕着内立柱做回转运动。

3. Z35 型摇臂钻床电气拖动特点及控制要求

1）摇臂钻床运动部件较多，为了简化传动装置采用多台电动机拖动，例如 Z35 型摇臂钻床采用 4 台电动机拖动，它们分别是主轴电动机、摇臂升降电动机、液压泵电动机和冷却电动机、这些电动机都采用直接起动方式。

2）为了适应多种形式的加工要求，摇臂钻床主轴的旋转及进给运动有较大的调速范围，一般情况下多由机械变速机构实现，主轴变速机构与进给变速机构均装在主轴箱内。

3）摇臂钻床的主运动和进给运动均为主轴运动，为此这两项运动由一台主轴电动机拖动，分别经主轴传动机构、进给传动机构实现主轴的旋转和进给运动。

4）在加工螺纹时要求主轴能够正反转，摇臂钻床主轴的正反转一般采用机械方法实现，因此主轴电动机仅需要单向旋转。

5）摇臂升降电动机要求能正反向旋转。

6）内外主轴的夹紧与放松、主轴与摇臂的夹紧与放松可用机械操作、电气-机械装置，电气-液压或电气-液压-机械等控制方法实现，若采用液压装置，则备有液压泵电动机。

二、Z35 型摇臂钻床电路工作原理

1. 控制过程分析

1）为满足攻螺纹工序要求，主轴需实现正反转，而主轴电动机 M2 只能单向旋转，主轴的正反转依靠摩擦离合器来实现。

2）摇臂的升降和立柱的松紧分别由三相异步电动机 M3、M4 驱动，要求电动机 M3、M4 能实现正反转控制。

3）钻削加工时，由电动机 M1 驱动冷却泵输送切削液，要求电动机 M1 单向起动。

4）为了操作方便，采用十字开关对主轴电动机 M2 和摇臂升降电动机 M3 进行操作。

5）为了操作安全，控制电路的电源电压为 110V。

2. Z35 型摇臂钻床电气控制线路图（图 8-5）

3. Z35 型摇臂钻床电气元件明细表（表 8-6）

表 8-6　Z35 型摇臂钻床电气元件明细表

符号	名称	型号及规格	数量
M1	冷却泵电动机	JCB-22-2　0.125kW　2790r/min	1 台
M2	主轴电动机	Y132M-4　7kW　1440r/min	1 台
M3	摇臂升降电动机	Y10012-4　3kW　1440r/min	1 台
M4	立柱松紧电动机	Y802-4　0.75kW　1390r/min	1 台
QS1	电源转换开关	HZ2-25/3　25A	1 个
QS2	转换开关	HZ2-10/3　10A	1 个
QS3	转换开关	LS2-3A　3A	1 个
QS4	鼓形转换开关	HZ4-22　1A	1 个
SA1	十字开关	XD2PA24	1 个
SQ1、SQ2	行程开关	LX5-11	2 个
SB1、SB2	按钮	LAY3-11	2 个
FU1、FU4、FU5	熔断器	RL1-15/2　15A、熔体 2A	5 个
FU2	熔断器	RL1-15/15　15A、熔体 15A	3 个
FU3	熔断器	RL1-15/5　15A、熔体 5A	3 个
KM1	交流接触器	CJ0-20　20A、线圈电压 110V	1 个
KM2～KM5	交流接触器	CJ0-10　10A、线圈电压 110V	4 个
KA	中间继电器	JZ7-44　线圈电压 110V	1 个
FR	热继电器	JR16-20/3D　整定电流 14A	1 个
TC	控制变压器	BK-150　380V/110V/24V	1 个
EL	照明灯	KZ 型带开关 40W、24V	1 只
YG	汇流环		1 个
XB	连接片	X-021	1 个

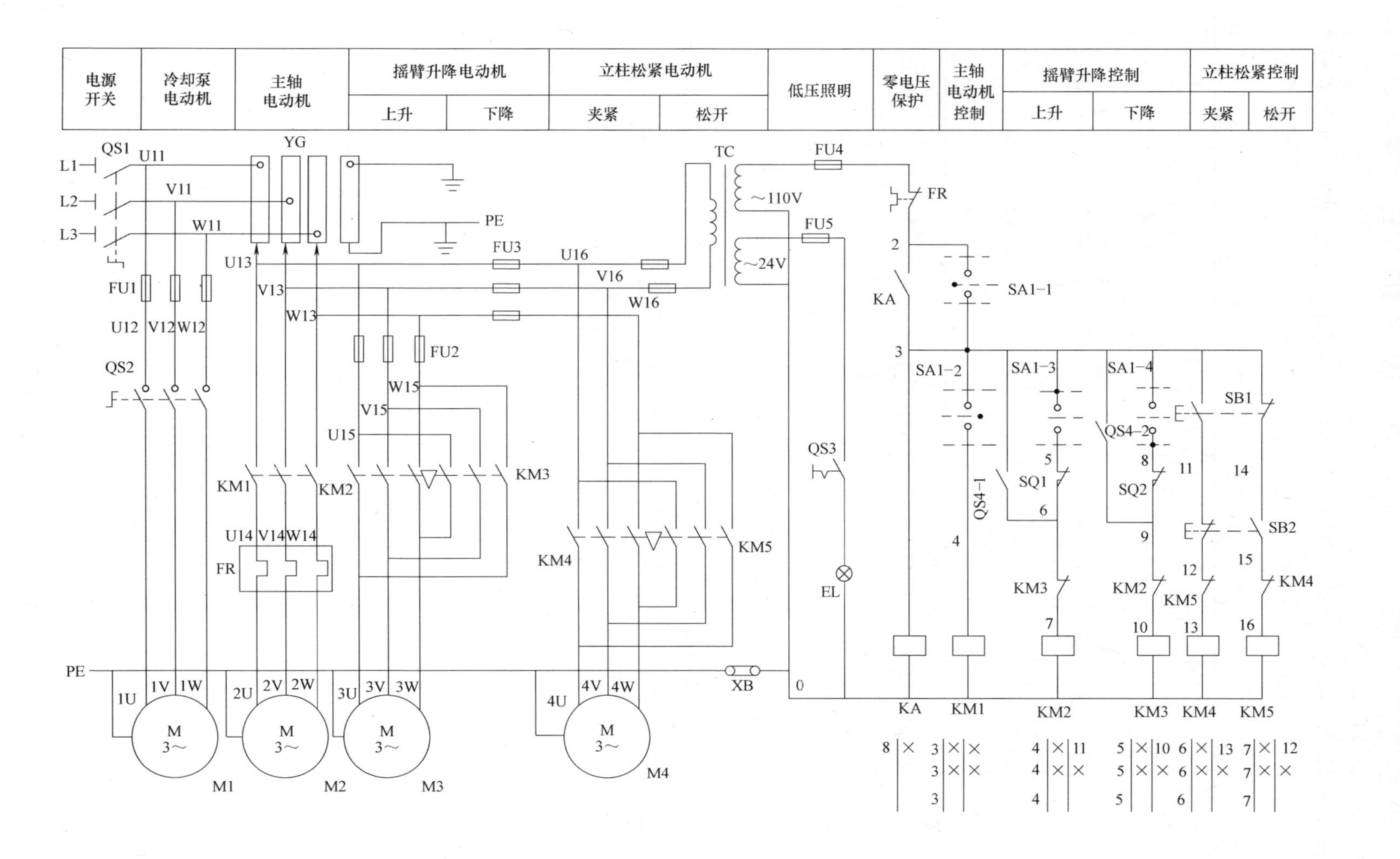

图 8-5 Z35 型摇臂钻床电气控制线路图

4. 控制电路工作原理

主轴电动机 M2 和摇臂升降电动机 M3 采用十字开关 SA 进行操作，它有集中控制和操作方便等优点。十字开关操作说明见表 8-7。

表 8-7 十字开关操作说明

手柄位置	接通微动开关的触头	工作情况
中	都不通	控制电路断电
左	SA1-1	KA 得电实现自锁、提供零电压保护
右	SA1-2	KM1 得电，主轴运转
上	SA1-3	KM2 得电，摇臂上升
下	SA1-4	KM3 得电，摇臂下降

（1）主轴电动机 M2 的控制　主轴电动机 M2 的旋转是通过接触器 KM1 和十字开关 SA 控制的。十字开关由十字手柄和 4 个微动开关组成。十字开关有 5 个不同位置，即上、下、左、右和中间位置。

先将电源总开关 QS1 合上，并将十字开关 SA 扳向左方，SA 的触点（2-3）闭合，中间继电器 KA 得电吸合并自锁，为其他控制电路接通做好准备。再将十字开关 SA 扳向右边位置，这时，SA 的触点（2-3）分断后，SA 的触点（3-4）闭合，接触器 KM1 线圈得电吸合，主轴电动机 M2 通电旋转。主轴的旋转方向由主轴箱上的摩擦离合器手柄控制。将十字开关扳回中间位置，接触器 KM1 线圈断电释放，主轴电动机 M2 停转，如图 8-6 所示。

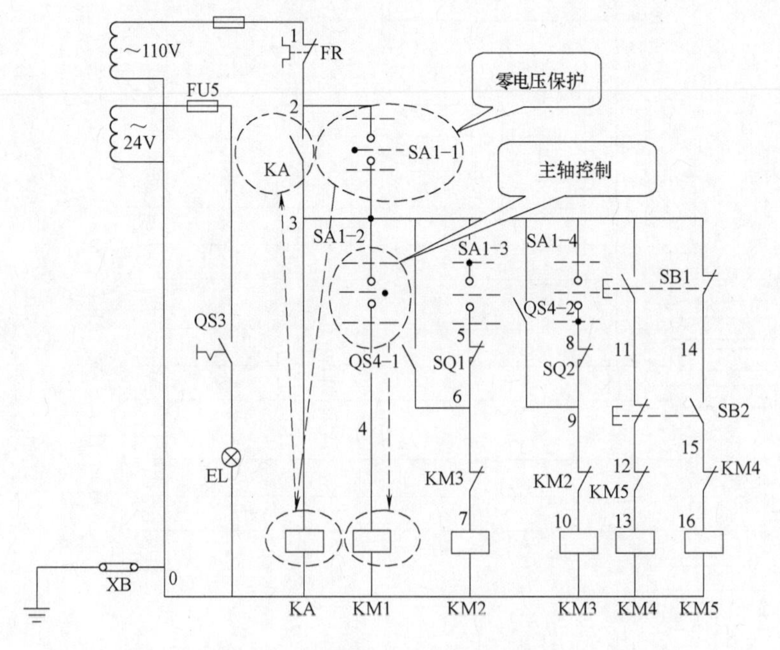

图 8-6 主轴电动机 M2 控制原理图

（2）摇臂升降电动机 M3 的控制　摇臂升降电动机的控制是在中间继电器 KA 得电并自锁的前提下进行的，用来调整工件与钻头的相对高度。摇臂升降前必须将夹紧装置放松，升降完毕后又必须夹紧，这些动作是通过十字开关 SA，接触器 KM2、KM3，位置开关 SQ1、SQ2 控制电动机 M3 来实现的。SQ1 是能够自动复位的鼓形转换开关，其两对触点都调整在常闭状态。SQ2 是不能自动复位的鼓形转换开关，它的两对触点调整在常开状态，由机械装置带动其通断。

1）摇臂上升：将十字开关 SA 的手柄从中间位置扳到向上的位置，SA 的触点（3-5）接通，接触器 KM2 得电吸合，电动机 M3 起动正转。由于摇臂在升降前被夹紧在立柱上，所以 M3 刚起动时摇臂不会上升，而是通过传动装置先把摇臂松开，这时鼓形组合开关 SQ2-2（3-9）的动合触点闭合，为摇臂上升后的夹紧做好准备，随后电动机 M3 通过升降丝杠带动摇臂上升。当上升到所需位置时，将十字开关 SA 扳到中间位置，接触器 KM2 线圈断电释放，电动机 M3 停止转动。KM2 互锁动断触点（9-10）恢复闭合后，接触器 KM3 线圈得电吸合，电动机 M3 起动反转，带动机械夹紧机构将摇臂夹紧，夹紧后鼓形开关 SQ2-2 的动合触点恢复断开状态，接触器 KM3 线圈断电释放，电动机 M3 停转，完成摇臂上升过程，如图 8-7 所示。

2）摇臂下降：可将十字开关 SA 扳到向下位置，其动作情况与摇臂上升相似，不再细述。通过以上分析可知摇臂的升降过程是由机械、电气装置联合控制实现的，其工作流程为：扳动十字开关 SA 向上（向下）→摇臂松开→摇臂上升（下降）到达所需位置→扳动十字开关 SA 回到中间位置→摇臂夹紧、自动停止

为了不使摇臂上升或下降超出允许的极限位置，在摇臂上升和下降的控制电路中分别串入位置开关 SQ1-1 和 SQ1-2 作为限位保护。

即摇臂上升或下降的工作过程为：摇臂松开→摇臂（上升）下降到所需位置→摇臂夹紧的一个动作过程，如图 8-8 所示。

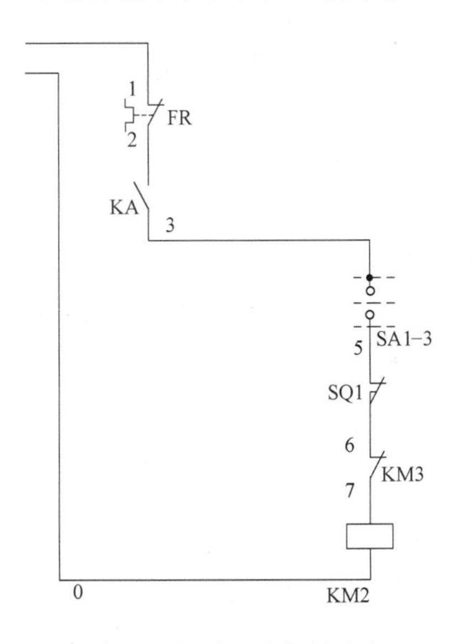

图 8-7　摇臂上升控制回路

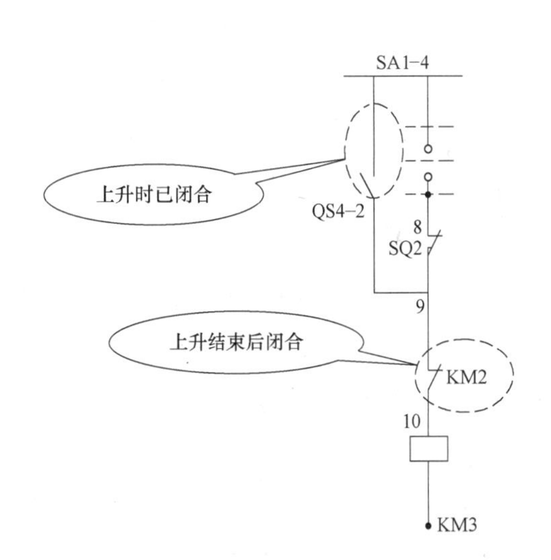

图 8-8　摇臂夹紧控制回路

（3）立柱松紧电动机 M4 的控制　立柱松紧电动机 M4 由按钮 SB1 和 SB2 及接触器 KM4 和 KM5 控制，M4 的正反转可实现立柱的松开和夹紧，如图 8-9 所示。

钻床正常工作时，外立柱是夹紧在内立柱上的，当需要摇臂和外立柱绕内立柱转动时，应先按下按钮 SB1，接触器 KM4 线圈得电吸合，电动机 M4 正转，通过齿式离合器驱动齿轮式油泵送出高压油，经油路系统和传动机构将内、外立柱松开。松开 SB1，电动机 M4 停转。

这时可在人力推动下转动摇臂，当转到所需位置时，再按下按钮 SB2，接触器 KM5 线圈得电，电动机 M4 反转，在液压推动下立柱被夹紧。SB2 松开后，电动机 M4 停转。整个“松开→移动→夹紧”过程结束。

由于主轴箱在摇臂上的夹紧与放松和立柱的夹紧与放松是用同一台电动机和液压机构配合进行的，因此，在对立柱夹紧与放松的同时，也对主轴箱在摇臂上进行了夹紧与放松。

（4）照明电路工作原理　照明电路的电源由变压器 TC 将 380V 的交流电压降为 24V 安全电压来提供。照明灯 EL 由开关 QS3 控制，由熔断器 FU5 提供短路保护，如图 8-10 所示。

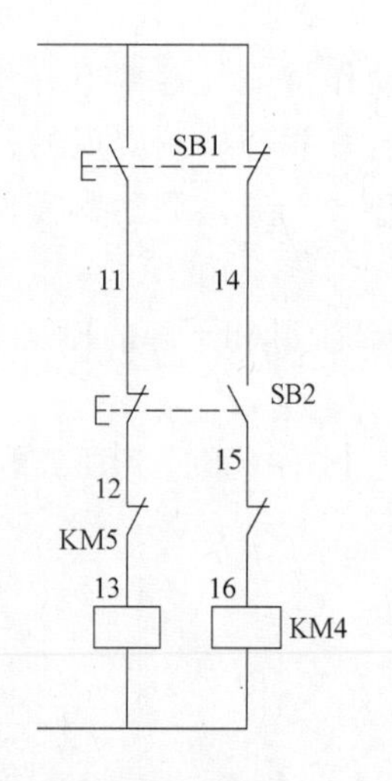

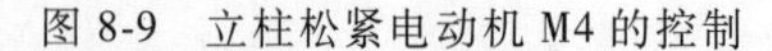
图 8-9　立柱松紧电动机 M4 的控制

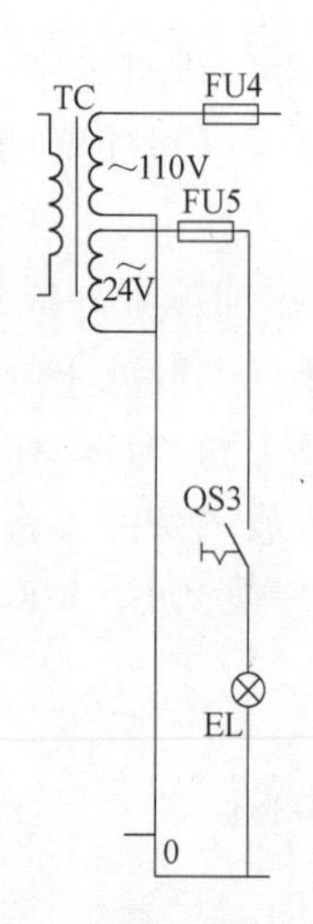

图 8-10　照明电路工作原理

任务准备及实施

根据自己学校的实验设备情况，查阅有关资料，思索实践内容，填写本次实践计划表（见附录 A）。

检查与评价

课堂学习完成后，根据实践计划到实习场所完成教学实践，填写本次学习任务评价表（见附录 T）。

总结提高

1. Z35 型摇臂钻床的主要结构主要由底座、内立柱、摇臂、主轴箱及工作台等部分组成。

2. Z35 型摇臂钻床的运动形式有以下几种：

（1）摇臂钻床的主运动为主轴的旋转运动；

（2）主轴的纵向进给运动；

（3）辅助运动。

练习题

1. 简述十字开关各方向的控制动作。
2. Z35 型摇臂钻床电气拖动特点及控制要求有哪些？
3. 简述 Z35 型摇臂钻床摇臂升降控制过程。

单元九

设备常见电气故障的处理

通过本单元的学习，了解常见的电气故障类型以及产生原因和故障分析方法，观察生产车间常见的设备故障，了解其故障存在点及产生原因，以便于根据实际情况进行处理。

课题一　了解设备常见电气故障

课堂任务

1. 了解设备常见电气故障的种类与特点。
2. 熟悉处理电气故障的一般方法与步骤。

实践提示

学会用验电笔检查电源故障。

知识学习

一、电气和电器

（一）电器

1. 概念

电器是指一切利用电作为动力来源的器具，如：电视机、电冰箱、风扇、计算机等。电器是所有电工器械的简称。凡是根据外界特定的信号和要求，自动或手动接通和断开电路，断续或连续地改变电路参数，实现对电路或非电现象的切换、控制、保护、检测和调节的电气设备均称为电器。

2. 分类

（1）按工作原理分类

1）电磁式电器：依据电磁感应原理来工作，如接触器、各种类型的电磁式继电器等。

2）非电量控制电器：依靠外力或某种非电物理量的变化而动作的电器，如刀开关、行程开关、按钮、速度继电器、温度继电器等。

（2）按动作原理分类

1）手动电器：用手或依靠机械力进行操作的电器，如手动开关、控制按钮、行程开关等主令电器。

2）自动电器：借助于电磁力或某个物理量的变化自动进行操作的电器，如接触器、各种类型的继电器、电磁阀等。

（二）电气

1. 概念

电气是以电能、电气设备和电气技术为手段来创造、维持与改善限定空间和环境的一门科学。电气设备指的是使用强电的设备，电子设备指的是使用弱电的设备。

2. 分类

按照电能传输以及使用的途径可分为两种：一是有电的直接联系，每个电压等级内的所有用电设备，通过导线、断路器或者隔离开关等，均有电的直接联系。

二是没有电的直接联系，而是通过气隙内的磁场进行能量交换（传输），如变压器的各绕组之间，就是通过气隙联系的；电动机定子之间也都是通过气隙来联系的。

3. 电气控制

电气控制系统一般称为电气设备二次控制回路，不同的设备有不同的控制回路，而且高压电气设备与低压电气设备的控制方式也不相同。

总的来说，电器对应的范围相对狭隘一些，而电气的范围更为宽泛，与电有关的一切相关事物都可用电气表述，而电器一般是指保证用电设备与电网接通或关断的开关器件。电器侧重于个体，是元件和设备，而电气则涉及整个系统或者系统集成。电气是广义词，指一种行业，一种专业，不具体指某种产品。电气也指一种技术，如电气自动化专业，包括工厂电气（如变压器，供电线路）、建筑电气等；电器是实物词，指具体的物质，如电视机、空调等。

二、常见电气故障

1. 电源故障

（1）直流电源和交流电源　电源分为直流电源和交流电源，随时间大小改变、方向不变的电源称为直流电源；大小和方向均随时间而改变的电源称为交流电源，交流电源又分为单相交流电源和多相交流电源。由一根相线和一根零线组成的是单相电源。

（2）电源故障的特点　电源是驱动设备正常工作的源头，电源出现问题会使整个设备或者整个电路都不能正常工作，因此，电源故障是整体性故障。对于设备来讲，检查电源故障应根据电源的性质检查电源的电压、对称性、极性、相序、接地等，相对较容易。但有些电源故障需用复杂的仪器才能找出来，因此电源故障查找的难易差别大。

2. 电路故障

（1）短路故障　短路故障是指一相或多相载流导体接地或不通过负荷互相接触，由于此时故障点的阻抗很小，致使电流瞬时升高，短路点以前的电压下降，对电力系统的安全运行极为不利。

（2）断路故障　断路故障是指电路某一回路非正常断开，使电流不能在电路中正常流动的故障，如断线、接触不良等。断路故障通常导致装置不能动作。

3. 电气元件故障

电气元件故障也称电器故障。尽管电器设备的可能故障现象千差万别，但基本上可以分为三类：即内部故障、人为故障和外部故障。图 9-1 所示是机床控制电路中常用的电气元件。

图 9-1 常用的电气元件

外部故障严格地说并不属于故障，一般检修起来并不在本机上“动手术”，如外界强电波的干扰，供电电源过低等。

内部故障一般是指电器设备内部的元器件因自然失效而引起的故障，它包括如下几种：

（1）磨损失效 电器设备中的结构大件、机械部件、电动机等，由于长期处于运动状态（如旋转、拉伸、移动等）而导致机械性磨损，从而出现接触不良、抖晃、碰撞、卡死、弹力消失等。

（2）衰老性失效 电子元器件的失效在一般情况下均以衰老性失效居多，其中以晶体管器件最为显著。晶体管由于长期受热工作，会导致其中的 PN 结正向电阻变大，反向电阻变小，电流放大倍数下降、漏电流增加，严重时无法正常工作。电解电容器的漏电、电容容值减小，最后也导致衰老性失效。电阻也会因空气的氧化、腐蚀、潮湿而发生变阻、引脚锈蚀。电感元件中的线因受潮后发生霉变也会导致其氧化、腐蚀、断路。各种接插件尽管已做了镀银处理，但由于长时间的空气腐蚀、氧化，接插件的表面会发黑，接触面电阻增大，从而引起电路参数的改变（如电压降落增大，电流减小等）。

（3）偶发性失效 过高电压的冲击，如雷电等往往造成偶发性故障，如晶体管被击穿造成短路，电源变压器烧毁，这种偶发性故障往往是意料不到的。只要正确地使用和保养，并采取相应的预防措施，故障也可避免发生。

人为故障一般是指用户使用不当或操作失误、错误调整所造成的故障。比较常见的有如下几种电源误插现象：

1）我国家用电器电源都采用 220V、50Hz，如果将电源插座与照明灯线路串联起来，结果会造成两种电器均供电不足而不能正常工作。

2）私接电网，误将 380V 电源当作 220V 电源使用，将家用电器连上，轻则熔体立即熔断，重则造成整机烧毁。

3）从国外带回的一些家电有些是使用 110V 电源的，由于缺乏使用常识误插在 220V 电源插座中，很快就被烧毁。

4）有的电器采用三孔插座，其中一根是接大地用的，而接大地的那根导线均应与家电的金属外壳相接，如果误将接大地的那根导线与电源的相线相接，就会造成家电不能工作，甚至酿成触电事故。

三、常用电气设备故障分析方法

1. 状态分析法

这是一种发生故障时根据电气设备所处的状态进行分析的方法。电气设备的运行过程分解成若干个连续的阶段，这些阶段也称为状态，如电动机工作过程可以分解成起动、运转、正转、反转、高速、低速、制动、停止等工作状态。电气故障总是发生于某一状态，而在这一状态中各元器件又处于什么状态，如电动机起动时，哪些元件工作，哪些触点闭合等，是我们分析故障的重要依据。

2. 图形分析法

电气设备图是用以描述电气设备的构成、原理、功能、提供安装接线和使用维修信息的依据。分析电气设备必然要使用各类电气图，根据故障情况从图形上进行分析。电气设备图样种类很多，如原理图、构造图、系统图、接线图、展开图、位置图等。分析电气故障时，常常要对各种图进行分析，并且要掌握各种图之间的有机关系，如由接线图变换成电路图、由展开图变换成原理图等。

3. 单元分析法

一个电气设备总是由若干单元构成的，每一个单元具有特定的功能。从一定意义上讲，电气设备故障意味着某项功能的丧失，分析电气故障应将设备划分为单元（通常是按功能划分），进而确定故障的范围。

4. 回路分析法

电路中任意一条闭合的路径称为回路。回路是构成电气设备电路的基本单元，分析电气设备故障，尤其是分析电路断路、短路故障时，常常需要找出回路中元器件、导线及其连接点，以此确定故障的原因和部位。

5. 推理分析法

电气设备中各组成及功能都有其内在联系，如连接顺序、动作顺序、电流流向、电压分配等都有其特定的规律，因而某一部件、组件、元器件的故障必然影响其他部分，表现出特有的故障现象。在分析电气故障时，常常需要从这一故障联系到对其他部分的影响，或由某一故障现象找出故障的根源。这一过程就是逻辑推理过程，也是推理分析法。推理分析法又分为顺推理法和逆推理法。

6. 简化分析法

电气设备的组成部件和元器件虽然都是必需的，但从不同的角度去分析，总可以划分出主要的部件和元器件以及次要的部件和元器件。分析电气故障要根据具体情况，注重分析主要、核心、本质的部件和元器件。

上述的检查方法是从电气故障诊断中归纳出来的基本方法，在查找某一种故障时究竟采用哪一种方法，必须对具体的事物做具体的分析和对待，切记不可生搬硬套。

四、处理电气故障的步骤

为避免查找设备故障少走弯路，必须自始至终地根据故障的特征现象冷静分析判断，在综合运用理论的基础上进行。为此必须遵循以下几个方面：

1. 熟悉电路原理

当一台设备的电气控制系统发生故障时，不要急于动手拆卸，首先要了解该电气设备产生故障的原因、经过、范围、现象，熟悉该设备及电气系统的基本工作原理，分析各个具体电路。弄清电路原理中元器件之间的相互联系以及信号在电路中的来龙去脉，结合实际经验，仔细分析。经过周密思考，确定一个科学的检修方案。

2. 先电气，后机械

电气设备是以电气-机械原理为基础，特别是机电一体化的先进设备，机械和电子系统在功能上有机配合，是一个整体的两个部分。如果电气出现故障，影响了机械系统，许多机械传动部件的功能就不起作用。因此不要被表面现象迷惑，电气系统出现故障并不全都是电气本身的问题，有可能是机械部件发生故障引起的。

3. 先简单，后复杂

一是检修故障要先用简单易行、最拿手的方法去处理，再用复杂、精确的方法。二是排除故障时，先排除直观、显而易见、简单常见的故障，后排除难度较高、没有处理过的疑难故障。

4. 先外部检查，后进行内部处理

外部是指暴露在电气设备外壳或密封件外部的各种开关、按钮、插孔及指示灯；内部是指在电气设备外壳或密封件内部的印制电路板、元器件及各种连接导线。先外部调试，后进行内部处理，就是在不拆卸电气设备的情况下，利用电气设备面板上的开关、旋钮、按钮等调试检查，压缩故障范围。首先排除外部部件引起的故障，再检修机器内的故障，尽量避免不必要的拆卸。如有必要拆卸时，必须对机械、电气联系复杂的相关部件、接线端子做上记号，以防止在恢复安装时出错。

5. 先静态测试，后动态测量

静态是指发生故障后，在不通电的情况下，对电气设备进行检修；动态是指通电后对电气设备的检修。许多电气设备发生故障检修时，不能立即通电，如果通电的话，会人为扩大故障范围，烧毁更多的元器件，造成不应该的损失。因此，在故障设备通电前，先进行电阻的测量，采取必要的措施后方能通电检修。

6. 先公用电路，后专用电路

任何电气系统的公用电路出故障，其能量、信息就无法传送、分配到各具体电路，专用电路的功能、性能就不起作用。如一个电气设备的电源部分出现故障，整个系统就无法正常运转，向各种专用电路传递的能量、信息就不可能实现。因此只有遵循先公用电路、后专用电路的顺序，才能快速、准确无误地排除电气设备的故障。

7. 先检修通病，后攻疑难杂症

电气设备经常容易产生相同类型的故障即“通病”。由于通病比较常见，积累的经验较丰富，因此可以快速地排除，这样可以集中精力和时间排除比较少见、难度高、古怪的疑难杂症，以简化步骤，缩小范围，有的放矢，提高检修速度。

综上所述，处理电气故障的步骤总结如图 9-2 所示。

任务准备及实施

根据自己学校的实验设备情况，查阅有关资料，思索实践内容，填写本次实践计划表

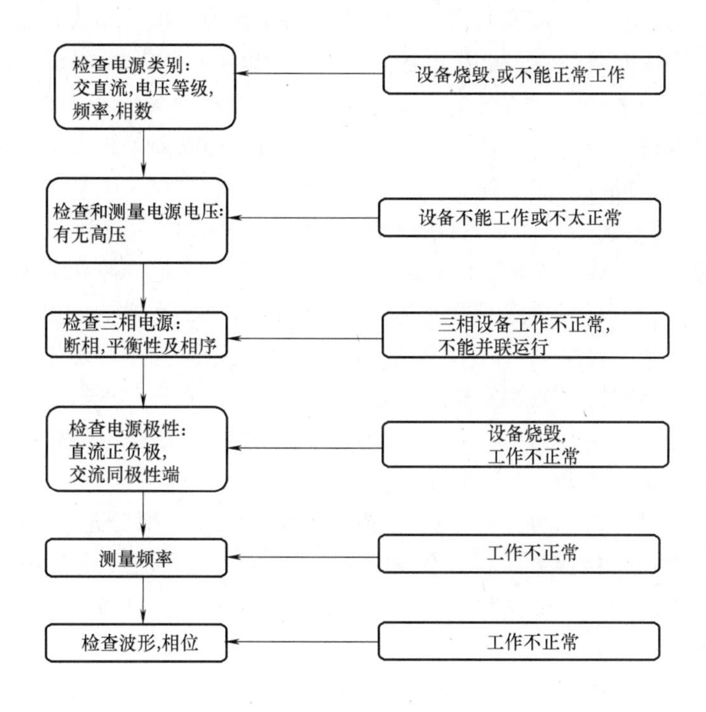

图 9-2 电气故障处理流程图

（见附录 A）。

一、应知内容

1. 常见电气故障的种类与特点有哪些？
2. 处理电气故障的一般方法与步骤？

二、实践内容

学会用验电笔检查电源故障。

验电笔简称为电笔，它是一种电工工具，用来测试电线中是否带电。笔体中有一氖气管，测试时如果氖气管发光，说明导线有电或导线为通路的相线。验电笔中笔尖、笔尾由金属材料制成，笔杆由绝缘材料制成。使用验电笔时，一定要用手触及验电笔尾端的金属部分，否则因带电体、验电笔、人体与大地没有形成回路，验电笔中的氖气管不发光以致造成误判，认为带电体不带电。使用方法如下：

1）判定交流电和直流电口诀：电笔判定交直流，交流明亮直流暗，交流氖气管通身亮，直流氖气管亮一端。

说明：使用低压验电笔之前，必须在已确认的带电体上验测；在未确认验电笔正常之前，不得使用。判别交、直流电时，最好在“两电”之间做比较，这样就很明显。测交流电时氖气管两端同时发亮，测直流电时氖气管里只有一端极发亮。

2）判定直流电正负极口诀：电笔判定正负极，观察氖气管要心细，前端明亮是负极，后端明亮是正极。

说明：氖气管的前端指的是验电笔笔尖一端，氖气管后端指手握的一端，前端明亮为负极，反之为正极。测试时要注意：电源电压为 110V 及以上；如若人体和大地绝缘，一只手摸电源任一极，另一只手持电笔，测电笔金属头触及被测电源另一极，如氖气管前端发亮，所测触的电源则是负极；若是氖气管的后端发亮，所测触的电源是正极，这是根据直流单向流动和电子由负极向正极流动的原理。

3）判定直流电源有无接地和正负极接地的区别口诀：变电所直流系数，电笔触及不发亮；若亮靠近笔尖端，正极有接地故障；若亮靠近手指端，接地故障在负极。

说明：发电厂和变电所的直流系数，是对地绝缘的，人站在地上，用验电笔去触及正极或负极，氖气管是不应当发亮的；假如发亮，则说明直流系统有接地现象；假如发亮在靠近笔尖的一端，则是正极接地；假如发亮在靠近手指的一端，则是负极接地。

4）判定同相和异相口诀：判定两线相同异，两手各持一支笔，两脚和地相绝缘，两笔各触一要线，用眼观看一支笔，不亮同相亮为异。

说明：此项测试时，切记两脚和地必须绝缘。因为我国大部分是 380V/220V 供电，且变压器普遍采用中性点直接接地，所以做测试时人体和大地之间一定要绝缘，避免构成回路，以免误判定；测试时，两笔亮和不亮显示相同，故只看一支则可。

5）判定 380V/220V 三相三线制供电线路相线接地故障口诀：星形联结三相线，电笔触及两根亮，剩余一根亮度弱，该相导线已接地；若是几乎不见亮，金属接地有故障。

说明：电力变压器的二次侧一般都接成星形，在中性点不接地的三相三线制系统中，用验电笔触及三根相线时，有两根比通常稍亮，而另一根上的亮度要弱一些，则表示这根亮度弱的相线有接地现象，但还不太严重；假如两根很亮，而剩余一根几乎看不见亮度，则是这根相线有金属接地故障。

检查与评价

课堂学习完成后，根据实践计划到实习场所完成教学实践，填写本次学习任务评价表（见附录 U）。

相关知识

掌心型电气故障检测仪是运用高频声振技术、超声波检测技术、光学望远镜远距离观测技术以及巡检到位管理技术等制造而成的电力巡检专用仪器，如图 9-3 所示。该产品外观小巧，携带使用方便，坚固耐用，对环境无任何限制，是电力系统、工矿企业、铁路电气化系统以及海港、港头等对高压电力线路、电气设备进行巡视、巡检、巡查最为专业、理想的仪器。

其主要功能有：

1）漏电、放电、爬电检测：远距离检测电线、接头、刀闸、开关、变压器等电气设备的漏电、爬电、放电事故。

2）远距离观察：可以远距离观察接头的连接情况，以及电力线路各种设备、设施、配件等的完好情况。

3）到位管理功能：通过非接触射频卡对码功能实现人员到位考勤、考核管理，确保巡检工作的有效性、真实性。

4）上位机通信：通过软件实现巡检的智能化、科学化管理。

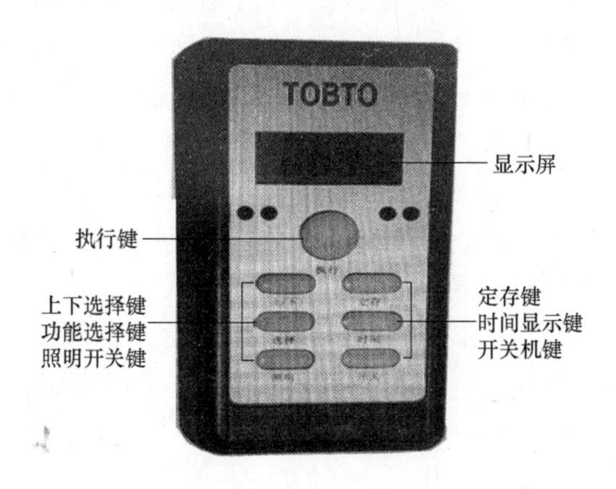

图 9-3 掌心型电气故障检测仪

总结提高

生活中人们现在都离不开电，如电视、计算机、电冰箱、空调、洗衣机、电磁炉、手机等，这些电器让我们的生活十分便利。但同时，电也是看不见摸不着的老虎，人人畏惧，一不小心就会发生触电危险，甚至危及生命。因此，使用电笔一定注意以下两点：

1）使用电笔测电过程中，手不要触及电笔的金属笔尖，否则会造成触电！

2）使用时一定要用手按住或触碰电笔的笔帽端，否则氖气管不会发光，造成误会物品不带电，从而导致触电！

课题二 识别处理常见电气故障

课堂任务

1. 能正确表述故障原因并判别故障类型及部位。
2. 能正确处理简单电气故障。

实践提示

1. 排查电扇通电后无风送出的故障现象。
2. 排查数控车床中人为设置的故障，训练分析动手能力。

知识学习

确定故障部位是查找电气设备故障的最终目的。确定故障部位可理解成确定设备的故障点，如短路点、损坏元器件等，也可理解成确定某些运行参数的变异，如电压波动、三相不平衡等。

一、确定故障部位

确定故障部位是在对故障现象进行周密的考察和细致分析的基础上进行的。在这一过程中，往往要采用看、听、闻、摸、测、比、替、试、菜单等多种方法。

1）看：在电气设备故障中，通过检查外观和变色能发现的故障非常多，这些统称为通过目测进行异常现象判断。通过目测检查能够发现的现象如下：破损（断线、带伤、粗糙），变形（膨胀、收缩），松动，漏油、漏水、漏气，污秽放电，腐蚀，磨损，变色（烧焦、吸潮），冒烟，产生火花，有无杂质异物，动作不正常。这些均是已经列在检查规程的条目中的现象，把发现的现象与每一种电气设备一一对应，列出分析就能发现故障。

2）听：倾听电气设备运行时声音的变化来判断工况。如，异步电动机断相起动不了，发出较大的“嗡嗡”声；电动机轴承损坏时，发出“沙沙”声等。

3）闻：从气味变化发现故障。当人进入配电间或在检查电气设备时，嗅闻电气设备运行时散发出来的气味，如电气设备因短路、过载等故障导致温升超限时，会出现刺鼻的糊焦味。

4）摸：通过触摸电气设备外壳温度来粗略判断低级绝缘设备或一般设备的运行工况是否正常。

5）测：许多电气故障靠人的直接感知是无法确定部位的，而要借助各种仪器、仪表，对故障设备的电压、电流、功率、频率、阻抗、绝缘值、温度、振幅、转速等进行测量，以确定故障部位。例如，通过测量绝缘电阻、吸收比、介质损耗，判定设备绝缘是否受潮；通过直流电阻的测量，确定长距离线路或变压器内部绕组的短路点、接地点以及通断等。

6）比：在有些情况下，可采用与同类完好设备进行比较来确定故障的方法。例如，一个线圈是否存在匝间短路，可通过测量线圈的直流电阻来判定，但直流电阻多大才是完好却无法判别，这时可以与一个同型号且完好的线圈的直流电阻值进行比较来判别。又如，某设备中的一个电容损坏（电容值变化）无法判别，可以用一个同类型的完好的电容器替换，如果设备恢复正常，则故障部位就是这个电容。

7）替：即用完好的电器替换可疑电器，以确定故障原因和故障部位。采用此方法时，用于替换的电器应与原电器规格、型号、技术参数（含输入的电气控制量值）相一致，导线连接要正确、牢固，以免发生新的故障。

8）试：在确保设备安全的情况下，可以通过一些试探的方法确定故障部位。例如，通电试探或强行使某继电器动作等，以发现和确定故障的部位。

9）菜单：即根据故障现象和特征，将可能引起这种故障的各种原因按顺序罗列出来，然后一个个地查找和验证，直到诊断出真正的故障原因和故障部位。此方法最适合初学者使用。

二、常用维修工具

确定了故障的部位之后，就要进行维修操作，以下是几种故障检修常用到的基本工具仪表，如图 9-4 所示。

三、常用故障检测方法

故障诊断是指故障检测和故障隔离的过程。对故障的检测常用的方法一般有以下几种：

1. 电阻法

电阻法是一种常用的故障测量方法。如图 9-5 所示，通常是指利用万用表的电阻档测量

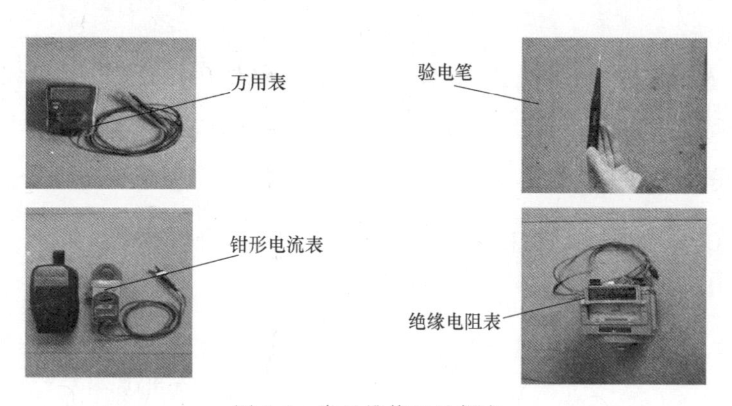

图 9-4　常见维修工具仪表

电动机、线路、触点等是否符合使用标称值以及是否通断的一种方法，或用绝缘电阻表测量相与相、相与地之间的绝缘电阻等。测量时，注意选择所使用的量程与校对表的准确性。一般使用电阻法测量时的通用做法是先选用低档，同时要注意被测线路是否有回路，并严禁带电测量。

2. 电压法

电压法是指利用万用表相应的电压档，测量电路中电压值的一种方法。通常测量时，有时测量电源、负载的电压，也有时测量开路电压，以判断线路是否正常。

测量时应注意表的档位，选择合适的量程，一般测量未知交流或开路电压时通常选用电压的最高档，以确保不至于在高电压低量程下进行操作，避免把表损坏；同时测量直流时，要注意正负极性，如图 9-6 所示。

图 9-5　电阻法故障测量

图 9-6　电压法故障测量

3. 电流法

电流法是测量线路中的电流是否符合正常值，以判断故障原因的一种方法。对弱电回路，常采用将电流表或万用表电流档串接在电路中进行测量；对强电回路，常采用钳形电流表检测。

4. 仪器测试法

借助仪器仪表测量各种参数，如用示波器观察波形及参数的变化，以便分析故障的原因，多用于弱电线路中。

四、实例分析——车床

机床配置：C620-1 型卧式车床。其电气原理图如图 9-7 所示。

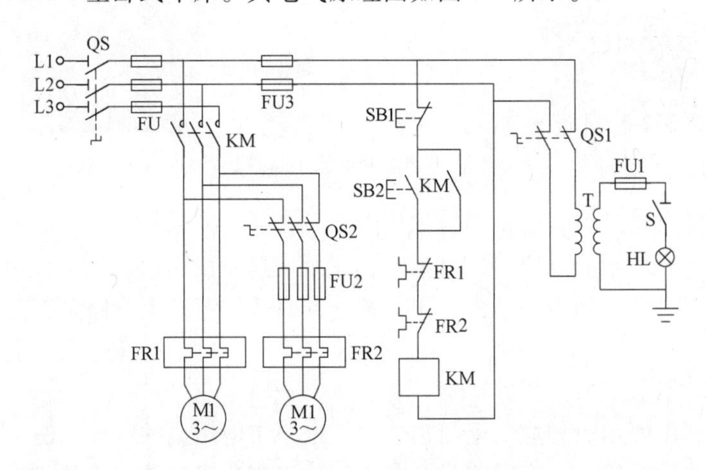

图 9-7 C620-1 型卧式车床电气原理图

1. 故障现象及排除

1）故障现象：主轴电动机不能起动。

故障排除：发生主轴电动机不能起动的故障时，首先要检查故障是发生在主电路还是控制电路，若按下起动按钮，接触器 KM 不吸合，此故障则发生在控制电路，接着应检查 FU2 是否熔断，过载保护 FR1 是否动作，接触器 KM 的线圈端子是否松脱，按钮 SB1、SB2 的接触点接触是否良好。若故障发生在主电路，应检查车间配电箱及主电路开关熔断器的熔丝是否熔断，导线连接处是否有松脱现象，KM 主接触点是否良好。

2）故障现象：主轴电动机起动后不能自锁。

故障排除：当按下起动按钮后，主轴电动机能起动运转，但松开起动按钮后，主轴电动机也随之停止。造成这种故障的原因是接触器 KM 自锁触电的连接导线松脱或接触不良。

3）故障现象：主轴电动机不能停止。

故障排除：出现此类故障的原因主要有两个方面：一方面是 KM 的主触点发生熔焊、主触点被杂物卡住或有剩磁，使它不能复位，检修时应先断开电源，再修复或更换接触器；另一方面是停止按钮切断触点被卡住，不能断开，应更换停止按钮。

4）故障现象：按下起动按钮，电动机发出“嗡嗡”声，不能起动。

故障排除：这是因为电动机的三相电源线中有一相断相了。可能的原因有：熔断器有相熔丝烧断，接触器有一对主触点没有接触好，电动机接线有一处断线等。一旦发生此类故障，应立即切断电源，否则会烧坏电动机。

5）故障现象：冷却泵电动机不能起动

故障排除：出现此类故障原因可能有主轴电动机未起动、熔断器 FU1 熔丝已烧断、转换开关 QS2 已损坏或冷却泵电动机已损坏。应及时做相应的检查，排除故障，直到正常工作。

6）故障现象：照明灯不亮。

故障排除：这类故障的原因可能有照明灯泡已坏、照明开关 S 已损坏、熔断器 FU3 的熔丝已烧断、变压器初级绕组或次级绕组已烧毁。应根据具体情况逐项检查，直到故障排除。

2. C620-1 型卧式车床电气控制故障的检修

（1）KM1 接触器不吸合，主轴电动机不工作　首先根据故障现象在电气原理图上标出可能的最小故障范围，然后按下面的步骤进行检查直到找出故障点。

1）检修步骤如下：

① 接通 QS 电源开关，观察电路中的各元件有无异常，如发热、散发焦味、有异常声响等，如有异常现象发生，应立即切断电源，重点检查异常部位，并采取相应的措施。

② 用万用表的 AC500~750V 档检查两相间的电压应为 380V，判断熔断器 FU2 是否有故障。

③ 用万用表的 AC500~750V 档检查各点的电压值，判断停止按钮 SB2、热继电器 FR1、FR2 的动断触点以及接触器 KM 的线圈是否有故障。

④ 切断电源开关 QS，采用万用表的 R×1 电阻档，分别按启动按钮 SB1 及 KM 的触点架使之闭合，检查 SB1 的触点、KM 的自锁触点是否有故障。

2）技术要求及注意事项如下：

① 带电操作时，应做好安全防护，穿绝缘鞋，身体各部位不得触碰机床，并且要由指导老师监护。

② 正确使用仪表，各点测试时表笔的位置要准确，不得与相邻点碰撞，防止发生短路事故。一定要在断电的情况下使用万用表的欧姆档测电阻。

③ 发现故障部位后，必须用另一种方法复查，准确无误后，方可修理或更换有故障的元件。更换时要采用原型号规格的元件。

（2）CA620-1 型车床电动机断相不能运转的检查　首先根据故障现象在电气原理图上标出可能的最小故障范围，然后按下面的步骤进行检查，直至找出故障点。

1）检查步骤如下：

① 机床起动后，KM 接触器吸合后 M1 电动机不能运转，听电动机有无“嗡嗡”声，电动机外壳有无微微振动的感觉，如有即为断相运行，应立即停机。

② 用万用表的 AC500~750V D 档检查 KM 交流接触器的进出线三相之间的电压应为 380×(1+10%)V。

③ 拆除 M1 的接线，启动机床。

④ 用万用表的 AC500~750V 档检查 KM 交流接触器的进出线三相之间的电压应为 380×(1+10%)V。

若以上无误，切断电源拆开电动机的接线端子，用绝缘电阻表检测电动机的三相绕组。

2）注意事项：

① 电动机有“嗡嗡”声说明电动机断相运行，若电动机不运行则可能无电源。

② QS 电源进线断相应检查电源，若出线断相应检修 QS 开关。

③ 接触器 KM 电源进线断相，则电力线路有断点；若出线断相，则 KM 的主触点损坏，需要更换触点。

④ 带电操作注意安全，防止仪表的指针造成短路。

⑤ 万用表的档位要选择正确，以免损坏万用表，如图 9-8 所示。

图 9-8　学生技能训练—电力拖动实训

任务准备及实施

根据自己学校的实验设备情况，查阅有关资料，思索实践内容，填写本次实践计划表（见附录 A）。

一、应知内容

1. 电气故障是怎样产生的？有哪些种类？
2. 常见设备的电气故障有哪些，怎样排除？

二、实践内容

1. 排查电扇通电后无风送出的故障现象

1）首先要排除开关故障，用万用表检测。

2）其次是调速器故障。为了区分调速器故障，可以把电源线绕过调速器，直接与风扇电动机相连，如果还是不转，可能是电动机线圈烧坏了。断电情况下，用手指拨动风扇扇叶，如果转动灵活，那么可以排除定子与转子咬死故障。用万用表测量线圈一次、二次绕组的阻值，如果其阻值无穷大就是坏了。如风扇的转速慢，可以更换电容。

2. 排查数控车床中人为设置的故障，训练分析动手能力

3. 上网搜集信息

查找常用设备的故障处理实例，有条件的可以动手操作。

检查与评价

课堂学习完成后，根据实践计划到实习场所完成教学实践，填写本次学习任务评价表（见附表 V）。

相关知识

检查电路时经常用的一种方法是电路敲击法。电路敲击法是在通电的过程中进行的，该法可用一个小的橡皮锤轻轻敲击工作中的元器件。如果电路故障突然排除，或者故障突然出现，都说明被敲击元器件附近或者该元器件本身存在接触不良的现象。正常的电气设备一般能经住一定幅度的敲击，即使工作没有异常现象，如果在一定程度的敲击下发生了异常现象，也说明该电路存在故障隐患，应及时查找并排除。

总结提高

1）电阻测量法是断电测量，所以比较安全，缺点是测量电阻值不准确，特别是寄生电路对测量电阻影响较大。

2）电压测量法准确性高，效率高，缺点是带电测量，有一定的危险性，所以必须注意安全。还要注意不同电压等级，以变换量程。低于额定电压的 20%以上，可视为有故障。

附 录

附录A ________实践计划表

<table>
<tr><td rowspan="2">班级</td><td rowspan="2"></td><td>小组</td><td></td><td rowspan="2">课时</td><td rowspan="2"></td></tr>
<tr><td>成员</td><td></td></tr>
<tr><td>1</td><td colspan="2">本次实践所需知识</td><td colspan="3"></td></tr>
<tr><td>2</td><td colspan="2">本次实践所需技能</td><td colspan="3"></td></tr>
<tr><td>3</td><td colspan="2">实践需要配备工具</td><td colspan="3"></td></tr>
<tr><td>4</td><td colspan="2">实践完成地点</td><td colspan="3"></td></tr>
<tr><td>5</td><td colspan="2">实践完成步骤</td><td colspan="3"></td></tr>
<tr><td>6</td><td>指导性意见</td><td colspan="2"></td><td>评价</td><td></td></tr>
</table>

使用说明：学生在课堂学习完成后进行实践之前填写，教师查阅后判定是否可以进行实践，并根据计划表的填写情况打分，作为平时成绩。

附录 B　电能基本知识学习任务评价表

<table>
<tr><th>设备名称</th><th>型号</th><th>主要参数</th></tr>
<tr><td></td><td></td><td></td></tr>
<tr><td></td><td></td><td></td></tr>
<tr><td></td><td></td><td></td></tr>
<tr><td></td><td></td><td></td></tr>
<tr><td></td><td></td><td></td></tr>
<tr><td></td><td></td><td></td></tr>
<tr><td></td><td></td><td></td></tr>
<tr><td colspan="3">学习过程中遇到什么问题,如何解决的?</td></tr>
<tr><td colspan="3">个人自评:</td></tr>
<tr><td colspan="3">小组互评:</td></tr>
<tr><td colspan="3">老师点评:</td></tr>
</table>

附录 C 颜色与安全知识学习任务评价表

检测项目		含义	分值	得分
安全色	红		10	
	蓝		10	
	黄		10	
	绿		10	
标志	禁止标志		10	
	指令标志		10	
	警告标志		10	
	提示标志		10	
三相五线制标准导线颜色			10	
导线束 BK+BK+BN+BU+GNYE			10	
合计			100	
个人自评：				
小组互评：				
老师点评：				

附录D 漏电与触电学习任务评价表

序号	检 测 项 目	分值	得分
1	简述 TN-S 系统	10	
2	简述 TN-C 系统	10	
3	简述 TN-C-S 系统	10	
4	简述 TT 系统	10	
5	简述 IT 系统	10	
6	简述单相触电	10	
7	简述两相触电	10	
8	简述跨步电压触电	10	
9	简述保护接地	10	
10	简述保护接零	10	
合计		100	
个人自评：			
小组互评：			
老师点评：			

附录E 心肺复苏急救方法学习任务评价表

操作流程	技术要求	分值	得分
判断与呼救（10分）	判断意识，5s内完成，报告结果	4	
	同时判断呼吸、大动脉搏动，5~10s完成，报告结果	4	
	确认患者意识丧失，立即呼叫	2	
安置体位（6分）	将患者安置于硬板床，取仰卧位	2	
	去枕，头、颈、躯干在同一轴线上	2	
	双手放于两侧，身体无扭曲（口述）	2	
心脏按压（28分）	抢救者立于患者右侧	2	
	解开衣领、腰带，暴露患者胸腹部	2	
	按压部位：胸骨中下1/3交界处	4	
	按压方法：两手掌根部重叠，手指翘起不接触胸壁、上半身前倾，两臂伸直，垂直向下用力	6	
	按压幅度：胸骨下陷5~6cm	5	
	按压频率：100~120次/min	5	
	连续30次，后5次按压报数	4	
开放气道（8分）	检查口腔，清除口腔异物	2	
	取出活动义齿（口述）	2	
	判断颈部有无损伤，根据不同情况采取合适方法开放气道	4	
人工呼吸（16分）	捏住患者鼻孔	2	
	深吸一口气，用力吹气，直至患者胸廓抬起（潮气量500~650ml）	2	
	吹气毕，观察胸廓情况	2	
	连续2次	4	
	按压与人工呼吸之比为30∶2，连续5个循环	6	
判断复苏效果（12分）	操作5个循环后，判断并报告复苏效果		
	颈动脉恢复搏动	3	
	自主呼吸恢复	3	
	散大的瞳孔缩小，对光反射存在	3	
	面色、口唇、甲床和皮肤色泽转红	3	
评价（20分）	正确完成5个循环复苏，人工呼吸与胸外心脏按压指标显示有效	20	
合计		100	
个人自评：			
小组互评：			
老师点评：			

附录F　灭火器的使用方法学习任务评价表

序号	考核内容及评分标准	分值	得分
1	根据起火物,正确选择灭火器种类(口述)	5	
2	手提灭火器跑向火场,在距离火场10m左右,将灭火器上下颠倒摇晃。没有距离10m以上,扣10分,没有颠倒摇晃扣10分	20	
3	一只手抓胶管,拔掉铅封,对准火源。另一只手打开气瓶开关。没有对准就拔掉铅封扣10分	25	
4	提起机身,对准火源根部喷向火源,没有做到对准火源根部扣10分	20	
5	慢慢向前推进,直到将火扑灭为止,没有慢慢推进扣10分	20	
6	检查灭火情况,防止复燃,没有检查扣5分	10	
总分		100	

个人自评:

小组互评:

老师点评:

附录 G　常用电工工具、材料及仪器学习任务评价表

工具或材料、仪表名称	构造	作用
学习过程中遇到什么问题，如何解决的？		
个人自评：		
小组互评：		
老师点评：		

附录 H　常用电子元器件学习任务评价表

名称	符号	用途	分类	主要参数
学习过程中遇到什么问题,如何解决的?				
个人自评:				
小组互评:				
老师点评:				

附录 I 电路的基本知识学习任务评价表

设备名称	参数	连接步骤
学习过程中遇到什么问题,如何解决的?		
个人自评:		
小组互评:		
老师点评:		

附录 J 两地控制照明电路安装、测试学习任务评价表

序号	评价指标	评价内容	分值	个人评价	小组评价	教师评价
1	元件检查	电气元器件是否漏检或错检	5			
2	安装元件	不按布置图安装	5			
		元器件安装不牢固	3			
		元件安装不整齐、不合理、不美观	2			
		损坏元器件	5			
3	布线	不按电路图接线	10			
		布线不符合要求	5			
		接点松动、露铜过长、反圈	5			
		损伤导线绝缘层或线芯	5			
		中性线是否经过开关	5			
		开关是否控制相线	10			
4	通电试灯	按下开关熔体熔断	15			
		按下任一开关灯均不亮	10			
		一开关受控制,另一开关不受控制	5			
5	安全规范	是否穿绝缘鞋	5			
		操作是否规范安全	5			
总分			100			
问题记录和解决方法			记录任务实施过程中出现的问题和采取的解决方法(可附页)			

附录 K　综合能力评价表

内　　容		评　　价	
学习目标	评价项目	小组评价	教师评价
应知应会	本任务的相关基本概念是否熟悉	□Yes　□No	□Yes　□No
	是否熟练掌握仪表、工具的使用	□Yes　□No	□Yes　□No
专业能力	元件的安装、使用是否规范	□Yes　□No	□Yes　□No
	安装接线是否合理、规范、美观	□Yes　□No	□Yes　□No
	是否具有相关专业知识的融合能力	□Yes　□No	□Yes　□No
通用能力	团队合作能力	□Yes　□No	□Yes　□No
	沟通协调能力	□Yes　□No	□Yes　□No
	解决问题能力	□Yes　□No	□Yes　□No
	自我管理能力	□Yes　□No	□Yes　□No
	创新能力	□Yes　□No	□Yes　□No
态度	敬岗爱业	□Yes　□No	□Yes　□No
	工作态度	□Yes　□No	□Yes　□No
	卫生态度	□Yes　□No	□Yes　□No
个人努力方向：		老师、同学建议：	

附录 L　电工仪表基本知识学习任务评价表

电工仪表名称	型号	仪表类型	测量对象
学习过程中遇到什么问题，如何解决的？			
个人自评：			
小组互评：			
老师点评：			

附录 M　常用电工仪表及其测量使用学习任务评价表

<table>
<tr><th>任务名称</th><th>测量项目</th><th>操作步骤</th><th>注意事项</th></tr>
<tr><td rowspan="3">万用表的使用</td><td>电阻</td><td></td><td></td></tr>
<tr><td>电压</td><td></td><td></td></tr>
<tr><td>电流</td><td></td><td></td></tr>
<tr><td colspan="4">学习过程中遇到什么问题,如何解决的?</td></tr>
<tr><td colspan="4">个人自评:</td></tr>
<tr><td colspan="4">小组互评:</td></tr>
<tr><td colspan="4">老师点评:</td></tr>
</table>

附录 N　交流电学习任务评价表

<table>
<tr><th>设备名称</th><th>型号</th><th>主要参数</th></tr>
<tr><td></td><td></td><td></td></tr>
<tr><td></td><td></td><td></td></tr>
<tr><td></td><td></td><td></td></tr>
<tr><td></td><td></td><td></td></tr>
<tr><td></td><td></td><td></td></tr>
<tr><td colspan="3">学习过程中遇到什么问题,如何解决的?</td></tr>
<tr><td colspan="3">个人自评:</td></tr>
<tr><td colspan="3">小组互评:</td></tr>
<tr><td colspan="3">教师点评:</td></tr>
</table>

附录 O　照明电路安装与测试学习任务评价表

内容	分值	评分标准	自评	互评	教师评价
配电板安装	40	1)电能表接线错误,扣 10 分 2)漏电保护器接线错误,扣 10 分 3)接线柱露铜,每处扣 2 分 4)螺钉松动,每个扣 2 分			
灯具安装	40	1)灯头和插座导线接线错误,每处扣 2 分 2)器件固定不牢,每处扣 5 分 3)相线未接入开关,每处扣 10 分 4)安装不当形成断路,每通电 1 次扣 10 分			
安全文明操作	20	1)违反操作规程,每次扣 5 分 2)情节严重者,取消上课资格			
合计	100				
器材归还情况	教师签字:				

附录 P　电动机基础知识学习任务评价表

电动机类型	电源	型号	额定功率	绕组接法
学习过程中遇到什么问题,如何解决的?				
个人自评:				
小组互评:				
老师点评:				

附录Q 常用低压电器学习任务评价表

名称	符号	结构	参数	选用
接触器				
热继电器				
按钮				
学习过程中遇到什么问题,如何解决的?				
个人自评:				
小组互评:				
老师点评:				

附录 R　三相异步电动机的正反转控制学习任务评价表

测定项目	分数	评分标准		自评	互评	教师评价
元器件安装	25 分	器件无损坏、附件齐全得 9 分;损坏 1 处扣 4 分;两处以上不得分				
		器件排列整齐得 6 分;歪斜 1 处超过 3mm 扣 2 分;1 处超过 6mm 不得分				
		器件安装位置合理得 6 分;1 处不合理扣 3 分;2 处以上不得分				
		器件固定牢固得 4 分;1 处松动扣 2 分;2 处松动不得分				
布线工艺	35 分	工艺美观	横空架线 1 处扣 2 分			
			导线有接头 1 处扣 2 分			
			导线交叉 1 处扣 2 分			
			配线横平竖直 1 处不美观扣 2 分			
			导线损坏 1 处扣 2 分			
		接线端子	接线松动 1 处扣 1 分			
			线芯裸露超过 2mm 每处扣 1 分			
			端子接线超过 2 根每处扣 1 分			
			反圈压线 1 处扣 1 分			
			铜芯软线端部 1 处松散扣 1 分			
安全文明施工	10 分	工具使用不当扣 1~4 分,材料浪费不得分				
		穿戴不符合要求扣 2 分,工量具不齐全扣 2 分,人员受伤不得分				
		场地不清洁扣 2 分,场地未打扫不得分				
通电试车	30 分	通电试车 1 次不成功扣 10 分;通电试车 2 次不成功扣 20 分,通电试车 3 次不成功不得分				
总分						
器材归还情况	教师签字:					

附录 S　车床电气控制学习任务评价表

任务名称	实践活动过程	备注	学生自评	小组互评	教师评价	得分
安全操作规范	1. 穿绝缘鞋、戴安全帽 2. 禁止带电操作 3. 禁止用手触摸任何金属触点（15 分）					
照明灯 EL 不亮	检测灯泡；检测 FU4 熔断器；检测 SA 触点接触是否良好；检测 TC 二次绕组是否断线或接头松脱；检测灯泡和灯头接触是否良好（50 分）					
主轴电动机运行中停车	检测热继电器 FR1 动作是否良好（35 分）					

附录 T　钻床电气控制学习任务评价表

任务名称	实践活动过程	备注	学生自评	小组互评	教师评价	得分
安全操作规范	1. 穿绝缘鞋、戴安全帽 2. 禁止带电操作 3. 禁止用手触摸任何金属触点（15 分）					
立柱液压夹紧机构失灵	检测立柱顶上控制夹紧机构电动机的限位开关（35 分）					
摇臂升降立柱松紧	检测电动机 M3 动作是否良好，检测电动机 M4 动作是否良好（50 分）					

附录 U　设备常见电气故障学习任务评价表

试电笔的使用	实践活动过程	备注	学生自评	小组互评	教师评价	得分
区分数显式电笔和普通电笔	将两种电笔放入指定位置（20 分）					
电笔的握用	食指顶住电笔的笔帽端，拇指和中指、无名指轻轻捏住电笔使其保持稳定（20 分）					
现象分析	普通电笔：查看测电笔中间位置的氖气管是否发光，发光的就是带电（30 分）					
	数显式电笔：如果电笔显示闪电符号，就说明物体内部带电；反之，不带电（30 分）					

附录 V　识别处理常见电气故障学习任务评价表

<table>
<tr><th>设备名称</th><th>出现故障</th><th>处理方法</th><th>评分标准</th></tr>
<tr><td rowspan="2">电扇</td><td></td><td></td><td rowspan="2">1. 会用万用表排除开关故障(20分)
2. 判断调速器故障(30分)</td></tr>
<tr><td></td><td></td></tr>
<tr><td rowspan="4">数控车床</td><td></td><td></td><td rowspan="4">1. 正确判断故障位置及现象(20分)
2. 会排除故障(30分)</td></tr>
<tr><td></td><td></td></tr>
<tr><td></td><td></td></tr>
<tr><td></td><td></td></tr>
<tr><td colspan="4">学习过程中遇到什么问题,如何解决的?</td></tr>
<tr><td colspan="4">个人自评:</td></tr>
<tr><td colspan="4">小组互评:</td></tr>
<tr><td colspan="4">老师点评:</td></tr>
</table>

参考文献

[1] 刘介才. 工厂供电 [M]. 6版. 北京：机械工业出版社，2011.

[2] 谢秀颖. 实用电工工具与电工材料速查手册 [M]. 北京：机械工业出版社，2012.

[3] 张应龙. 电工工具和仪器仪表 [M]. 北京：化学工业出版，2010.

[4] 才家刚. 电工工具和仪器仪表的使用 [M]. 北京：化学工业出版社，2011.

[5] 杜德昌. 电工电子技术与技能（非电类多学时）[M]. 北京：高等教育出版社，2010.

[6] 杨林建. 机床电气控制技术 [M]. 北京：北京理工大学出版社，2008.

[7] 齐占庆，王振臣. 机床电气控制技术 [M]. 北京：机械工业出版社，2008.

[8] 窦湘屏. 数控机床维护常识 [M]. 北京：机械工业出版社，2015.